KB216350

참 쉬운 핑거푸드 요리책

홈파티 · 케이터링을 위한 레시피 150

노고은, 강정욱, 정지윤

아마존북스

참 쉬운 핑거푸드 요리책

홈파티·케이터링을 위한 레시피 150

초판 1쇄 인쇄 2024년 10월 15일
초판 1쇄 발행 2024년 10월 20일

지은이 노고은, 강정욱, 정지윤
펴낸이 최화숙
편집인 유창언
펴낸곳 아마존북스

Cooking & Food Styling 노고은, 강정욱, 정지윤
CP & Photographer 김현학(iamfoodstylist)
Korean-English translation 허정
Editor 노고은, 이인이
Design 윤승원

등록번호 제1994-000059호
출판등록 1994. 06. 09

주소 서울시 마포구 성미산로2길 33(서교동), 202호
전화 02-335-7353~4 | **팩스** 02-325-4305
이메일 pub95@hanmail.net / pub95@naver.com

© 노고은, 강정욱, 정지윤 2024
ISBN 978-89-5775-327-9 13590

값 18,000원

이 책은 저작권법에 따라 보호를 받는 저작물이므로 무단전재 및 복제를 금지하며, 이 책 내용의 전부 및 일부를 이용하려면 반드시 저작권자와 아마존북스의 서면 동의를 받아야 합니다.

차례

bites

바이츠

브루스케타

tofu sushi

유부초밥

오니기리

파이

카나페

canapé

샌드위치

ETC

보틀 케이크

디저트

dessert in a glass

음료

자주 나오는 음식

부록

prologue

처음 현장에서 이리저리 뛰어다니며 행사를 진행했던 기억을
떠올리니 괜스레 웃음이 납니다. 당시에는 '케이터링'이라는 단어가
굉장히 생소했었습니다. 그때 당시를 생각해 보면 케이터링은 하고
싶은데 어디에서부터, 어떻게, 무엇부터 시작해야 할지 막막하고
힘들었던 것 같습니다. 필자가 그때를 떠올리며 최대한 현장에서
도움이 될 수 있는 팁을 책에 넣었습니다. '참 쉬운 핑거푸드 요리책'
안에는 행사를 뛰며 현장에서 배운 노하우와 콘셉트에 어울리는
핑거푸드를 소개하고 있습니다. 케이터링과 핑거푸드에 대해
배우고 싶거나 시작하고 싶은 분들을 위해 조금 더 쉽게 접근할 수
있는 책이 될 수 있기를 바랍니다.
책이 나올 수 있게 함께 열심히 작업해준 작가님들과 책이 출간되기
까지 옆에서 지지해주고 응원해준 가족, 지인들에게 진심으로 감사
드립니다.

- 참 쉬운 핑거푸드 요리책 저자

케이터링
A to Z

'핑거푸드'란?

크기가 작아 호기심을 일으키는 핑거푸드를 간단한 음식이라고 생각할 수 있으나 작은 크기 안에 완벽한
음식을 넣어야 하기 때문에 섬세하고 디테일한 작업이 요구되는 음식이다.

'케이터링(Catering)'이란?

케이터링이라는 단어가 생소할 수 있다.

케이터링은 여러 장소에서 파티, 행사 등을 위하여 요리, 음료, 식기, 테이블, 비품, 글라스, 린넨 등 필요한
집기들을 준비하고 행사 콘셉트에 맞춰 음식과 스타일링을 제공하는 서비스라고 정의 내릴 수 있다.

책에서 소개되는 핑거푸드를 토대로 음식라인이 정해지면, 행사의 목적에 맞춰 콘셉트를 정하고 컬러를
선택, 공간과 테이블을 세팅하고 음식을 준비한다.

'케이터링'과 '출장뷔페'의 차이점은?

사전적 의미로 보면 같은 의미지만, 케이터링은 행사 콘셉트에 맞춰 디테일하고 다양한 스타일링이 더해진
서비스와 프라이빗한 음식을 제공한다.

케이터링 팁!

1. 견적 계산 방법

의뢰가 들어오면 메뉴와 콘셉트를 정하고 견적을 계산한다.
콘셉트 컬러, 공간을 체크한 뒤 테이블세팅 방향을 결정한다.
견적에는 출장비, 디렉팅비, 재료비, 인건비를 모두 포함한 금액이며
부가가치세(VAT) 별도인지 포함인지 고려하여 최종 금액을 결정한다.
재료비 단가는 평균적으로 최대 30%가 적당하다.

2. 케이터링 계약서 작성 시 체크사항

메뉴명, 메뉴 개수, 인원, 위약금 정책(취소 규정), 출장비, 행사 장소,
담당자 연락처 확인 후 계약서를 작성한다.

3. 구매처 및 재료 구매 방법

메뉴가 정해지면 레시피에 맞춰 재료 정리 후 식자재마트 및 인터넷을
통해 구입하면 된다.
(p.22 참고)

이때 Tip!!

첫 번째!

주로 핑거푸드에 데코용으로 사용
되는 원자재는 수입식품코너에서
찾아볼 수 있다.

두 번째!

엔초비, 허브류 등의 재료들은 최대
한 작은 것을 골라 구매하면 좋다.

4. 메뉴별 사전 준비

행사 당일에 모든 음식을 준비하기엔 시간분배가 어려우니 행사 3일
전부터 계획을 세워 하나씩 준비한다.
일반적으로 3일 전에 장을 보고 소스처럼 미리 만들어 놓을 수 있는
음식은 만들어 놓고 행사 당일에는 샌드위치 종류, 샐러드 종류 등(쉽게
눅눅해지거나 모양과 맛이 변할 수 있는)의 음식 위주로 완성한다.

5. 메뉴 포장 방법

대부분의 메뉴는 완성품으로, 움직이지 않게 바트에 담아 가고,
쉽게 눅눅해지거나 맛이 변할 수 있는 메뉴나 디테일을 살려야 하는
메뉴는 행사장에 가서 완성한다. 박스케이터링의 경우 식품용 비닐을 깐 뒤
메뉴별로 음식을 박스에 움직이지 않도록 틈 없이 채워 배송한다.

6. 세팅 방법

콘셉트에 맞게 공간에 대한 스타일링을 구상하고, 기물과 접시를
선택한 뒤 높낮이에 변화를 주어 테이블에 올린다.
음식 외의 소품(예: 꽃, 기물 등)들이 너무 화려하면 음식이 돋보이지
않을 수 있으니 소품을 과하게 사용하지 않는다.

케이터링을 하고 싶은데 무엇부터 시작할지 몰라 막막한 케.알.못(케이터링을 알지 못하는 사람)을
위한 경험자의 현실조언과 실전 꿀팁!

'참 쉬운 핑거푸드 요리책'이 홈파티, 케이터링을 시작하시는 분들에게 한 걸음 내딛을 수 있는 발판이
되기를 바랍니다.

케이터링 준비 시
함께 사용하면 유용한 기물들

1

케이크스탠드

콘셉트에 맞게 선택하여 사용

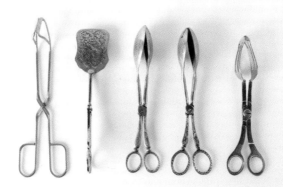

2
서빙집게

3
우드보드
콘셉트에 맞게 선택하여 사용

4
소반
한식 케이터링에 많이 사용되며
음식의 높낮이를 표현할 때 사용가능

5

핑거푸드 용기

6

3단 트레이

디저트 플레이팅 시

7

다양한 재질의 트레이

다양한 종류의 트레이들을 플레이팅용으
로 사용가능
단 사용하기 전에 음식을 놓을 수 있는지
확인한다.

8
장식물 및 촛대
촛대나 장식품은 다양한
스타일링을 연출할 때 사용

9
다양한 꽃병
(센터피스용)

10
우드볼

11
실버트레이

12
높낮이 조절 받침

일반적으로 아크릴 맞춤제작으로 구매
할 수 있음.
높이가 있는 어떠한 물건도 사용가능함
(제작 및 구매는 아크릴몰에서 가능).
우드 트레이, 우드 컵 받침대를 활용하
여 높낮이 조절을 하기도 한다.

PLACE

남대문 그릇도매시장

남대문 시장 내에 위치해 있으며 다양한 그릇과 소품들을 구매할 수 있고 가정용뿐만 아니
라업소용그릇도 구매가능하다. 소반이나 유기그릇매장도 따로 있어 편리하다.

고속버스터미널 3층 꽃시장

케이터링을 하는 사람들에게 필수 코스인 고속버스터미널 꽃시장
고속버스터미널 경부선 3층에 위치해 있으며 생화시장과 조화시장이 같이 있다.
생화시장은 밤 12시~낮 12시까지이며 조화시장은 밤 12시~오후 6시까지이다.
조화시장에서 다양한 장식용품이나 화기 트레이 등 구매할 수 있다.
계절별로 테마가 다르고 판매물건이 달라지므로 테마별로 구매하기에 편리하다.
케이터링 콘셉트에 따라 다양한 소품과 생화를 동시에 구매할 수 있는 장점이 있는 곳이다.

식자재 정보

코스트코
대량구매가 가능하며 코스트코에서만 구매할 수 있는 재료들이 많다.

이마트 트레이더스
코스트코와 비슷하며 대량구매가 가능하다.

농협 하나로 마트
식자재 마트로 사업자 식자재 마트와 일반 식자재 마트가 존재하며, 대량으로 구매가 가능하다.

가락시장

우주식품

한주주방

가락시장

모든 재료를 한꺼번에 구매할 수 있는 장점이 있으며 대량구매도 가능하다.

1층에 위치한 우주식품은 각종 수입식자재를 취급하는 전문점이다. 다양한 소스류부터 업소용 식자재, 치즈까지 다양한 식품들을 볼 수 있다.

2층에 위치한 한주주방은 작은 남대문 그릇시장이라고 볼 수 있다. 업소용 기물들을 취급하며 일회용 용기부터 다양한 그릇, 소품까지 구매가능하다.

그린팜

가락시장 내에 위치한 특수채소 전문점으로 인터넷 구매도 가능하다.
다양한 허브류와 특수채소들을 구매할 수 있다.

모노마트

일본식자재마트로 일식에 필요한 모든 식자재를 구매할 수 있으며
오프라인매장도 있고 인터넷으로도 구매가능하다.

케이터링 예시

다과케이터링

기업행사나 제품 론칭 시 콘셉트에 맞게 연출 가능한 케이터링

풀케이터링
공간에 어울리는 꽃과 기물을 이용해 세팅된 식사 케이터링
행사장 분위기에 맞춰 기물들을 선택하고 식물들을 이용하여 스타일링

도시락 케이터링

기존 틀에서 벗어나 고객의 취향을
반영한 스타일링이 가능

일인 케이터링

이동이 자유롭지 않은 미팅룸이나
세미나 등에 적합

홈파티를 위한 스타일링

박스 케이터링

풀케이터링에 제공되는 세팅과 정리서비스가 제공되지 않는 반면
가격이 저렴하여 가성비를 중요시하는 고객들을 위한 케이터링

<참 쉬운 핑거푸드 요리책>의 참 쉬운 계량법

요리초보에게 계량은 언제나 어렵죠.
그렇다고 계량컵이나 계량스푼을 사기도 부담스럽죠.
<참 쉬운 핑거푸드 요리책>에서는 밥숟가락 기준으로
알려드리니 겁 먹지 마세요!

숟가락 계량

가루.

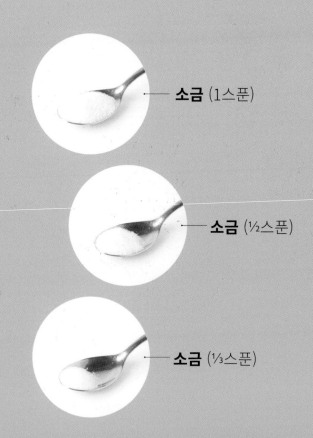

소금 (1스푼)

소금 (½스푼)

소금 (⅓스푼)

액체.

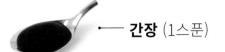 간장 (1스푼)

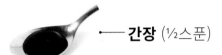 간장 (½스푼)

 간장 (⅓스푼)

장.

 고추장 (1스푼)

 고추장 (½스푼)

 고추장 (⅓스푼)

바이츠
Bites

사각식빵튀김(8조각 기준)

재료
식빵 2장

만드는 법
1. 식빵은 사방 4x4cm 크기로 썬다.
2. 170도로 달군 기름에 앞뒤가 노릇해질 때까지 튀긴다.
3. 건져낸 뒤 식혀 사용한다.

원형식빵튀김(8조각 기준)

재료
식빵 2장

만드는 법
1. 식빵은 지름 4cm 원형틀로 찍는다.
2. 170도로 달군 기름에 앞뒤가 노릇해질 때까지 튀긴다.
3. 건져낸 뒤 식혀 사용한다.

에그 크래미
바이츠

재료
식빵튀김 8개
삶은 달걀 2개
마요네즈 3스푼
크래미 2개(미리 찢어 준비)

선택 재료
타임 약간

#01

1. 삶은 달걀은 반으로 썬다.
2. 노른자는 체에 쳐 가루를 내고 흰자는 모양을 살려 얇게 썬다.
3. 식빵 위에 마요네즈를 바르고 흰자–크래미 순으로 얹은 뒤 노른자 가루를 뿌린다.
4. 타임을 올려 완성한다.

에그라바
바이츠

재료
식빵튀김 8개
삶은 달걀 4-5개
건크랜베리 1/2스푼

소스 재료
마요네즈 3스푼
설탕 1/4스푼
소금 약간

선택 재료
타임 약간

#02

1. 달걀은 모양을 살려 반으로 썰고 노른자는 **소스 재료**와 고루 섞은 뒤 짤주머니에 담는다.
2. 흰자 위에 짜 모양을 내 올린다.
3. 식빵–마요네즈–달걀을 얹고 크랜베리, 타임을 올려 완성한다.

불고기두부
바이츠

재료
식빵튀김 8개
두부 ½모
전분가루 2스푼
불고기 4스푼(p.133 참고)

선택 재료
래디시 약간
치커리 약간

소스
스위트칠리소스 ½스푼

#03

1. 래디시는 모양을 살려 얇게 썬다.
2. 두부는 식빵 크기로 썰고 앞뒤로 전분을 묻혀 노릇하게 굽는다.
3. 식빵-스위트칠리소스-두부-불고기 순으로 얹고 래디시와 치커리를 올려 완성한다.

불고기 영양부추
바이츠

재료
식빵튀김 8조각
영양부추 ½줌
불고기 4스푼(p.133 참고)
고추냉이 ¼스푼

선택 재료
레드페퍼 약간

부추소스
간장 1스푼
설탕 ½스푼
식초 ¼스푼
고춧가루 ½스푼
다진 마늘 ¼스푼
참기름 약간

#04

1. 부추는 3cm 길이로 썰어 **부추소스**를 넣어 버무린다.
2. 식빵-부추-불고기 순으로 얹고 고추냉이, 레드페퍼를 올려 완성한다.

훈제연어
바이츠

재료
식빵튀김 8개
사워크림 3스푼
훈제연어 2줄
레몬즙 ½스푼
후춧가루 약간

선택 재료
딜 약간

#05

1. 연어는 한입 크기로 썬다.
2. 식빵-사워크림-연어 순으로 얹은 뒤 레몬즙, 후춧가루를 뿌리고 딜을 올려 완성한다.

올리브 연어
바이츠

재료
식빵튀김 8개
그린올리브 6개
생연어 50g
마요네즈 ½스푼
케이퍼 약간

선택 재료
레몬 약간

#06

1. 그린올리브는 다지고 연어는 얇게 썬다.
2. 식빵-마요네즈-그린올리브-연어-케이퍼-레몬 순으로 올려 완성한다.

연어타워
바이츠

재료
식빵튀김 8개
오이 1개
래디시 1개
아보카도 1개
생연어 100g
마요네즈 3스푼
꼬치 8개

배합초
설탕 2스푼
소금 ⅓스푼
식초 3스푼

#07

1. 오이는 필러로 얇게 슬라이스해 배합초에 10분간 담갔다가 건져 물기를 제거한다.
2. 래디시는 모양을 살려 0.5cm 두께로 썰고 아보카도는 식빵 크기로 썬다.
3. 연어는 한입 크기로 썬 뒤 오이로 만다.
4. 식빵-마요네즈-아보카도-래디시-연어롤 순으로 얹고 꼬치를 꽂아 완성한다.

연어스시
바이츠

재료
식빵튀김 8개
생연어 100g
고추냉이 ¼스푼

선택 재료
레몬조각 약간

스시소스
마요네즈 3스푼
간장 1스푼

#08

1. 연어는 식빵 모양에 맞춰 두툼하게 썬다.
2. 식빵-스시소스-연어-레몬조각-고추냉이를 올려 완성한다.

발사믹 어니언
바이츠

재료
식빵튀김 8개
양파 ½개
두부 ½모
전분가루 2스푼

소스
발사믹 식초 100ml
설탕 1스푼

선택 재료
래디시 약간

#09

1. 양파, 래디시는 얇게 채 썬다.
2. 두부는 식빵 크기로 썰고 전분을 묻혀 중간 불로 달군 팬에 기름을 둘러 노릇하게 굽는다.
3. 약 불로 달군 팬에 기름을 둘러 양파를 볶는다.
4. 양파가 갈색이 되면 **소스**를 넣고 물기가 없어질 정도로 조린다.
5. 식빵-두부-양파 순으로 얹고 래디시를 올린다.

루꼴라 프로슈토
바이츠

재료
식빵튀김 8개
사과 1개
프로슈토 2장
루꼴라 ½줌
블루치즈 2스푼
꿀 약간

#10

1. 사과는 스쿱으로 동그랗게 파내어 8개 분량으로 준비한다.
2. 프로슈토는 길게 찢은 뒤 사과를 감싼다.
3. 식빵-루꼴라-블루치즈-사과 순으로 올린 뒤 꿀을 뿌려 완성한다.

무화과 처트니
바이츠

무화과 처트니 재료
무화과 4-5개
황설탕 7스푼
사과 1/4개
양파 1/3개
건포도 1/2스푼
식초 1/2스푼
와인 1스푼
씨겨자 1/2스푼
다진 마늘 1/4스푼
계핏가루 1/2스푼

재료
식빵튀김 8개
마스카포네치즈 3스푼

선택 재료
타임 약간

#11

1. 무화과 처트니 재료에서 사과, 양파는 사방 1cm 크기로 깍둑썰기한 뒤 나머지 재료와
   함께 냄비에 넣고 중약 불에 40-50분 정도 저어가며 뭉근하게 조려 식힌다.
2. 식빵-마스카포네치즈-무화과 처트니 순으로 얹은 뒤 타임을 올려 완성한다.

무화과 올리브
바이츠

재료
식빵튀김 8개
반건조 무화과 8개
그린올리브 8개
프로슈토 2장
선드라이토마토 약간

소스
마스카포네치즈 4스푼

#12

1. 무화과, 올리브는 모양을 살려 얇게 썬다.
2. 식빵에 마스카포네치즈, 프로슈토를 올린다.
3. 무화과와 올리브를 겹쳐 올린 뒤 선드라이토마토로 장식한다.

가지롤
바이츠

재료
식빵튀김 8개
가지 1개
색색 파프리카 각각 ½개

선택 재료
타임약간

볼로네즈소스 재료
다진 소고기 100g
다진 양파 ½개
다진 마늘 ½스푼
시판 토마토소스 2스푼
케첩 1스푼
치킨스톡 100ml
소금 ¼스푼
후춧가루 약간

#13

1. 중간 불로 달군 팬에 기름을 둘러 소고기, 양파, 마늘을 넣고 볶다가 물기가 없어지면
   나머지 **볼로네제소스 재료**를 넣고 자박하게 끓인다.
2. 가지는 길이로 얇게 썰고 파프리카는 가지 폭으로 얇게 썬다.
3. 중간 불로 달군 팬에 기름을 둘러 가지를 후춧가루, 소금을 뿌려가며 앞뒤로 구워 꺼낸다.
4. 같은 팬에 파프리카를 넣고 소금, 후춧가루를 뿌려 구운 뒤 가지 위에 파프리카를 올려 돌돌 만다.
5. 식빵-볼로네제소스-가지롤을 얹고 타임을 올려 완성한다.

모차렐라
카프레제

재료
식빵튀김 8개
방울토마토 8개
생모차렐라치즈 1덩어리
(=약 100g)

선택 재료
바질 약간

소스
발사믹글레이즈 1스푼

#14

1. 방울토마토는 모양을 살려 4등분 한다.

2. 치즈는 1.5cm 두께로 썬다.

3. 식빵-치즈-토마토 순으로 얹고 발사믹글레이즈와 바질을 올려 완성한다.

콘크래미
바이츠

재료
식빵튀김 8개

선택 재료
타임 약간

콘크래미 재료
통조림 옥수수 1스푼
다진 사과 1스푼
다진 크래미 1스푼
다진 건크랜베리 1스푼
마요네즈 2스푼

1. 볼에 **콘크래미 재료**를 넣고 고루 섞어 식빵 위에 얹은 뒤 타임을 올려 완성하다.

오이롤
바이츠

재료
식빵튀김 8개
오이 1개
색색파프리카 각각 ½개
양파 ⅓개
크림치즈 5스푼

1. 오이는 4cm 두께로 동그란 모양을 살려 썬 뒤 속을 파고 파프리카, 양파는 4cm 길이로 얇게 채 썬다.

2. 오이 안에 파프리카, 양파를 가득 채운 뒤 2cm 두께로 썬다.

3. 식빵-크림치즈-오이롤을 올려 완성한다.

크래미 채소롤
바이츠

재료
식빵튀김 8개
오이 1개
소금 약간
색색 파프리카 각각 ½개
크래미 2개
스위트칠리소스 2스푼

선택 재료
바질 약간

#17

1. 오이는 필러로 얇게 슬라이스해 소금을 뿌려 10분간 절이고 물에 헹궈 물기를 제거한다.

2. 파프리카, 크래미는 3cm 길이로 얇게 썬다.

3. 오이 위에 파프리카와 크래미를 올려 돌돌 만다.

4. 식빵-스위트칠리소스-오이롤을 얹고 바질을 올려 완성한다.

독일기
바이츠

재료
식빵튀김 8개
노란 파프리카 ½개
방울토마토 3개
올리브 4개
생모차렐라치즈 1개(=약 100g)
지름 3-4cm 원형틀

소스
발사믹글레이즈 1스푼

#18

1. 파프리카는 원형틀로 찍어내고 방울토마토는 모양을 살려 얇게 썬다.

2. 올리브는 반으로 썰고 치즈는 1.5cm 두께로 썰어 원형틀로 찍어낸다.

3. 식빵-발사믹글레이즈-치즈-파프리카-방울토마토-올리브 순으로 얹은 뒤 꼬치를 꽂아 완성한다.

과카몰리
바이츠

재료
식빵튀김 8개
선드라이 토마토 약간

소스
사워크림 3스푼

선택 재료
식용 금박 약간

과카몰리 재료
아보카도 1개
레몬즙 ½스푼
다진 양파 ½스푼
다진 토마토 ½스푼
고수 약간
다진 마늘 ¼스푼
소금 약간

#19

1. 볼에 아보카도를 넣어 으깬 뒤 나머지 과카몰리 재료를 넣고 골고루 섞는다.
2. 식빵-사워크림-과카몰리-토마토 순으로 얹어 완성한다.

아보카도 새우
바이츠

재료
식빵튀김 8개
아보카도 1개
새우(중) 8마리

소스
스위트칠리소스 3스푼
다진 마늘 ¼스푼
마요네즈 ½스푼

#20

1. 아보카도는 식빵 크기로 썬다.
2. 새우는 꼬리를 살려 스위트칠리소스와 다진 마늘을 넣어 볶는다.
3. 식빵-마요네즈-아보카도-마요네즈-새우 순으로 올려 완성한다.

칠리새우
바이츠

재료
식빵튀김 8개
달걀 2개
새우 5마리
스위트칠리소스 2스푼
타임 약간

#21

1. 달걀 2개는 삶아 0.5cm 두께로 모양을 살려 썬 뒤 흰자, 노른자를 분리한다.
2. 노른자는 가루로 만든다.
3. 새우는 살짝 구운 뒤 다져서 스위트칠리소스를 넣고 익을 때까지 볶는다.
4. 식빵-계란 흰자 슬라이스-새우-노른자가루 순으로 얹고 타임을 올려 완성한다.

베이컨말이
바이츠

재료
식빵 튀김 8개
베이컨 4줄
밥 4스푼
검은깨 약간
미나리 약간
마요네즈 약간

#22

1. 베이컨을 반으로 자른 뒤, 밥 ½스푼을 올려 말아준다.
2. 밥을 만 베이컨의 끝부분을 아래로 두고 굴리며 굽는다.
3. 미나리로 매듭지은 뒤, 검은깨를 약간 뿌린다.
4. 식빵에 마요네즈를 바르고 베이컨말이를 올려 완성한다.

바질페스토
바이츠

재료
식빵튀김 8개
생모차렐라치즈 1덩어리(=약 100g)
방울토마토 2개
바질페스토 4스푼
베이컨 1줄

선택 재료
타임 약간

#23

1. 방울토마토는 모양을 살려 얇게 썬다.

2. 모차렐라치즈는 식빵 보다 약간 작게 썬다.

3. 베이컨은 채 썰어 바삭하게 굽는다.

4. 식빵-치즈-방울토마토-바질페스토 ½스푼을 올린 뒤 베이컨과 타임을 올려 완성한다.

알감자
바이츠

재료
식빵튀김 8개
피망 1개
베이컨 4줄
알감자 4개
파르메산 치즈가루 ½컵
피자소스 ½컵

알감자소스
간장 2스푼
물 1스푼
설탕 ⅓스푼
물엿 ⅓스푼

#24

1. 알감자를 15분간 삶은 뒤 반으로 썬다.
2. 팬에 **알감자소스**에 넣고 감자를 넣어 조린다.
3. 피망은 식빵튀김 크기로 썰어 중간 불로 달군 팬에 기름을 둘러 1분간 볶고 베이컨은 노릇하게
   구워 이등분한다.
4. 식빵튀김 위에 피자소스를 바르고 피망-베이컨-알감자순으로 올려 꼬치를 꽂아 완성한다.

브루스케타
Bruschetta

토마토페이스트 브루스케타

참깨 드레싱 브루스케타

매시트포테이토 브루스케타

채소볶음 브루스케타

참치 브루스케타

피넛크림 브루스케타

아스파라거스 브루스케타

연근 브루스케타

적양배추 브루스케타

베네딕트 브루스케타

포크데리야키 브루스케타

삼색 브루스케타

훈제연어 브루스케타

말차초코칩 브루스케타

믹스베리치즈 브루스케타

누텔라 브루스케타

바나나 브루스케타

생딸기 브루스케타

파인애플 브루스케타

후르츠믹스 브루스케타

브루스케타(brustchetta)는 이탈리아의 대표적인 전채요리 안티파스티(antipasti)
중 하나이다. 전통적으로는 불에 구운 빵과 마늘, 올리브오일, 소금만으로 간단하게
만들 수 있고 오늘날에는 바게트빵 위에 다양한 토핑을 올려 식사대용으로 먹을 수 있
는 간단한 요리 중 하나가 되어 케이터링에 많이 사용된다.

빵종류

마늘빵

부시맨 브레드

바게트

치아바타

간단한 재료만으로 만들 수 있는 이탈리아 요리 '브루스케타'는 소금, 후추를 기본으로 첨가하여 다양한 과일, 치즈, 고기 등을 올려 만들 수 있는 음식이다. 다양한 빵을 사용하여 만들 수 있는데 빵의 종류는 마늘빵, 부시맨 브래드, 바게트, 치아바타 등이 있다. 부시맨 브래드는 다양한 소스를 기반으로 맛의 연출을 다양하게 낼 수 있으며 마늘빵, 바게트, 치아바타는 위에 올라가는 재료들을 활용하여 시각적으로도 연출을 다양하게 할 수 있다.

엔초비
브루스케타

재료
바게트 4조각
아보카도 ½개
방울토마토 3개
그린올리브 4개
엔초비 4줄
케이퍼 ½스푼
마요네즈 ½스푼
(*그린 올리브는 씨가
제거된 제품사용)

감자무스 재료
삶은 감자 1개
삶은 달걀 1개
마요네즈 2스푼
설탕 ½스푼
소금 약간
후춧가루 약간

선택 재료
처빌 약간

#25

1. 아보카도는 1cm 두께로 썰고, 방울토마토는 모양을 살려 얇게 썰고 올리브는 반으로 썬다.
2. 볼에 감자, 달걀을 넣어 으깬 뒤 나머지 **감자무스 재료**를 넣어 고루 섞는다.
3. 바게트 위에 감자무스를 바른 뒤 아보카도-토마토-올리브를 올린다.
4. 토마토와 올리브 위에 엔초비를 올린다.
5. 마요네즈를 뿌린 뒤 케이퍼, 처빌을 올려 완성한다.   〈Tip. 엔초비는 취향에 따라 가감한다.〉

동남아풍 돼지고기
브루스케타

재료
바게트 4조각
다진 마늘 ⅓스푼
다진 돼지고기 100g
메추리알 4개
후춧가루 약간

선택 재료
고수 약간

조림 재료
간장 1스푼
맛술 1스푼
설탕 1스푼
물엿 1스푼
굴소스 1스푼
큐민가루 ⅓스푼
후춧가루 약간

#26

1. 중간 불로 달군 팬에 기름을 둘러 다진 마늘, 돼지고기를 넣어 볶다가 색이 변하면 **조림 재료**를
   넣어 약불에 조려 익힌다.
2. 중간 불로 달군 팬에 기름을 둘러 메추리알을 반숙으로 프라이한다.
3. 바게트 위에 고기조림-프라이 순으로 올린 뒤 후춧가루를 뿌린다.
4. 고수를 올려 완성한다.

토마토페이스트
브루스케타

재료	고기볶음재료
바게트 4조각	다진 소고기 100g
다진 적양파	다진 양파 2스푼
약간	시판 선드라이토마토 페이스트 1스푼
	다진 마늘 ¼스푼
	케첩 ½스푼
	설탕 ½스푼
	물엿 1스푼
선택 재료	소금 약간
처빌 약간	후춧가루 약간

#27

1. 중간 불로 달군 팬에 기름을 둘러 **고기볶음 재료**를 넣고 볶는다.
2. 바게트 위에 고기볶음을 얹고 다진 적양파, 처빌을 올려 완성한다.

참깨 드레싱
브루스케타

재료
바게트 4조각
아보카도 ½개
버터 2스푼
시판 참깨드레싱 3-4스푼
어린잎 약간

선택 재료
딜 약간
레드페퍼 약간

#28

1. 아보카도는 길이로 얇게 썬다.
2. 바게트 위에 버터를 바른 뒤 아보카도를 얹고 참깨드레싱을 뿌린다.
3. 어린잎, 딜, 레드페퍼를 올려 완성한다.

매시트포테이토
브루스케타

재료
바게트 4조각
그린 올리브 4개
선드라이토마토 4개

선택 재료
루꼴라 약간

매시트포테이토 재료
삶은 감자 1스푼
크림치즈 2스푼
마요네즈 1스푼
설탕 ½스푼
소금 약간
후춧가루 약간

#29

1. 감자를 으깨어 한 김 식힌 뒤 나머지 **매시트포테이토 재료**를 넣어 고루 섞는다.
2. 올리브와 선드라이토마토는 모양을 살려 얇게 썬다.
3. 바게트에 매시트포테이토를 바른다.
4. 올리브와 선드라이토마토를 겹쳐서 얹고 중간 중간 루꼴라를 올려 완성한다.

채소볶음
브루스케타

재료
바게트 4조각
피망 ⅓개
파프리카 ⅓개
양파 ⅓개
다진 마늘 ¼스푼
프로슈토 4장

소스 재료
소금 약간
후춧가루 약간
마요네즈 2스푼
연유 ½스푼

#30

1. 피망, 파프리카, 양파는 채 썬다.
2. 중간 불로 달군 팬에 기름을 둘러 다진 마늘과 채소를 넣고 소금, 후춧가루를 뿌려 3분간 볶은 뒤 식힌다.
3. 바게트 위에 마요네즈를 바르고 볶은채소를 올린 뒤 프로슈토를 얹고 마요네즈, 연유, 후춧가루를 뿌려
   완성한다.

참치
브루스케타

재료
바게트 4조각
색색 파프리카 각각 ⅓개
양파 ¼개
통조림 참치 ½개
올리브유 1스푼
발사믹 식초 2스푼
설탕 ⅓스푼   **선택 재료**
후춧가루 약간   레드페퍼 약간

#31

1. 파프리카, 양파는 얇게 채 썰고 통조림 참치는 체에 받쳐 기름을 제거한다.
2. 중간 불로 달군 팬에 올리브유를 둘러 채소, 발사믹 식초, 설탕을 넣어 3분간 볶는다.
3. 바게트 빵 위에 발사믹 채소볶음을 얹고 참치를 올린 뒤 후춧가루와 레드페퍼를 올려 완성한다.

피넛크림
브루스케타

재료   **피넛크림 재료**
바게트 4조각   삶은 달걀 1개
레몬 제스트 약간   삶은 감자 1개
                  볶음 땅콩분태 2스푼
                  땅콩버터 ½스푼
                  마요네즈 2스푼
선택 재료   설탕 ¼스푼
파슬리가루 약간   소금 약간
타임 약간   후춧가루 약간

#32

1. **피넛크림 재료**를 볼에 넣고 으깨어 고루 섞는다.
2. 바게트 위에 얹은 뒤 레몬 제스트, 파슬리가루를 뿌리고 타임을 올려 완성한다.

아스파라거스
브루스케타

재료
바게트 4조각
삶은 메추리알 4개
미니 아스파라거스 4개
마요네즈 1스푼   **선택 재료**
엔초비 4줄   처빌 약간
다진 피스타치오 ⅓스푼   후춧가루 약간

#33

1. 메추리알은 모양을 살려 얇게 썰고 아스파라거스는 바게트 길이로 썬다.
2. 바게트 위에 마요네즈-메추리알-아스파라거스-엔초비 순으로 얹는다.
3. 피스타치오, 처빌을 올린 뒤 후춧가루를 뿌려 완성한다.

연근
브루스케타

재료   **감자무스 재료**
바게트 4조각   삶은 감자 1개
연근 ¼개   삶은 달걀 1개
베이컨 2줄   마요네즈 2스푼
파프리카 약간   설탕 ½스푼
치커리 약간   소금 약간
                    후춧가루 약간
식초물
물 ½컵(= 약 100ml)
식초 ⅓스푼

#34

1. 연근은 모양을 살려 얇게 썬 뒤 **식초물**에 15분간 담갔다 건져 물기를 제거한다.
2. 중간 불로 달군 팬에 기름을 둘러 연근을 앞뒤로 바삭하게 굽는다.
3. **감자무스 재료**를 볼에 넣어 으깬 뒤 고루 섞는다.
4. 베이컨은 반으로 썬 뒤 센 불로 달군 팬에 바삭하게 굽는다.
5. 바게트 빵에 베이컨, 연근, 감자무스를 얹고 치커리, 파프리카를 올려 완성한다.

적양배추
브루스케타

재료
바게트 4조각
적양배추 2장
아보카도 ¼개
크림치즈 1스푼
그뤼에르치즈 약간
레몬 제스트 약간

샐러드 소스
화이트와인식초 1스푼
소금 1꼬집
설탕 ¼스푼
올리브유 ½스푼

#35

1. 양배추는 얇게 채 썰고 아보카도는 다진다.
2. 양배추에 **샐러드소스**를 고루 버무린다.
3. 바게트 빵 위에 크림치즈를 바른 뒤 양배추샐러드-아보카도 순으로 얹는다.
4. 치즈를 갈아 올린 뒤 레몬 제스트를 뿌려 완성한다.

베네딕트
브루스케타

재료
바게트 4조각
시금치 1줌
베이컨 2줄
메추리알 4개
시판 홀렌다이즈소스 2스푼
소금 약간
후춧가루 약간

선택 재료
다진 파슬리 약간

#36

1. 센 불로 달군 팬에 기름을 둘러 시금치를 넣고 소금, 후춧가루를 뿌려 재빨리 볶아낸다.
2. 같은 팬에 베이컨을 노릇하게 굽는다.
3. 중간 불로 달군 팬에 기름을 둘러 메추리알을 반숙으로 프라이한다.
4. 바게트 빵 위에 홀렌다이즈소스-시금치 볶음-베이컨-메추리알 프라이 순으로 올린다.
5. 파슬리가루를 뿌려 완성한다.

포크데리야키
브루스케타

재료
바게트 4개
샬롯 ½개
체다 치즈 1장
소금 ½스푼
미니 아스파라거스 4개
돼지고기 1컵(=약 100g)
치커리 ½줌

데리야키소스재료
시판 데리야키소스 2스푼
다진 마늘 ⅓스푼
간장 1스푼
큐민가루 ⅕스푼
물엿 1스푼
참기름 약간
후춧가루 약간

#37

1. 샬롯은 모양을 살려 얇게 썰고 치즈는 4등분하고 끓는 물에 소금을 넣어 아스파라거스를 40초간 데친다.
2. 중간 불로 달군 팬에 기름을 둘러 돼지고기, **데리야키소스재료**를 넣어 조린다.
3. 바게트 빵 위에 샬롯-치커리-치즈-조린 고기 순으로 얹고 아스파라거스를 올려 완성한다.

삼색
브루스케타

재료
바게트 4조각
오이 ⅓개
색색 파프리카 각각 ⅓개
아보카도 ¼개
마요네즈 2스푼
크림치즈 3스푼

선택 재료
처빌 약간

#38

1. 오이는 얇게 어슷썰기한다.
2. 파프리카, 아보카도는 굵게 다져 마요네즈에 버무려 샐러드를 만든다.
3. 바게트 위에 크림치즈-오이-샐러드 순으로 얹고 처빌을 올려 완성한다.

훈제연어
브루스케타

재료
바게트 4조각
사워크림 3스푼
훈제연어 3줄
레몬즙 ½스푼
다진 샬롯 ½스푼
케이퍼 약간
레몬 제스트 약간
후춧가루 약간

선택 재료
딜 약간

#39

1. 바게트 위에 사워크림을 바른 뒤 연어를 말아 올리고 레몬즙을 뿌린다.
2. 샬롯, 케이퍼를 얹고 레몬 제스트, 후춧가루를 뿌린 뒤 딜을 올려 완성한다.

말차초코칩
브루스케타

재료
바게트 4조각
마스카포네 치즈 4스푼
말차가루 2스푼
꿀 1스푼
초코칩 ½스푼

#40

1. 치즈, 말차가루, 꿀을 고루 섞은 뒤 바게트 위에 바른다.
2. 초코칩을 꽂아 완성한다.

믹스베리치즈
브루스케타

재료
바게트 4조각
메이플시럽 2스푼
마스카포네치즈 4스푼

선택 재료
슈가파우더 약간

믹스베리콩포트 재료
믹스베리 6스푼
설탕 3스푼

#41

1. 소스팬에 **믹스베리콩포트** 재료를 넣어 약한 불에 7분간 조린다.
2. 바게트 위에 메이플시럽을 바른 뒤 치즈와 믹스베리콩포트를 각각 1스푼씩 올린다.
3. 슈가파우더를 뿌려 완성한다.

누텔라
브루스케타

재료
바게트 4조각
크림치즈 ½통(= 약 100g)
누텔라 잼 ½컵(= 약 70g)
다진 피스타치오 약간

#42

1. 바게트 위에 크림치즈와 누텔라를 번갈아가며 올린다.
2. 피스타치오를 뿌려 완성한다.

⟨Tip. 누텔라와 크림치즈는 짤주머니에 넣어서짜면 모양 잡기가 수월하다.⟩

바나나
브루스케타

재료
바게트 4조각
바나나 1개
마스카포네치즈 4스푼
꿀 1-2스푼
다진 초콜릿 ½스푼
계피가루 약간

#43

1. 바나나는 0.5cm 두께로 썬다.

2. 바게트 위에 치즈를 바르고 바나나를 겹쳐 올려 꿀을 뿌린다.

3. 초콜릿과 계피가루를 뿌려 완성한다.

생딸기
브루스케타

재료
바게트 4조각
딸기 4개

선택 재료   **마스카포네크림**
애플민트 약간   마스카포네치즈 4스푼
슈가파우더 약간   연유 2스푼

#44

1. 딸기는 모양을 살려 얇게 썬다.

2. 바게트 위에 **마스카포네크림**을 바른 뒤 딸기를 겹쳐서 얹는다.

3. 딸기 중간 중간에 애플민트를 올린 뒤 슈가파우더를 뿌려 완성한다.

파인애플
브루스케타

재료
바게트 4조각
링 파인애플 2개
구운 베이컨 1줄
홀그레인 머스타드 ½스푼

감자무스 재료
삶은 감자 1개
삶은 달걀 1개
마요네즈 2스푼
설탕 ½스푼
소금 약간
후춧가루 약간

#45

1. 파인애플은 부채꼴 모양으로 8등분한다.
2. 구운 베이컨은 다진다.
3. 볼에 감자, 달걀을 넣어 으깬 뒤 나머지 **감자무스 재료**를 넣어 고루 섞는다.
4. 파인애플에 홀그레인 머스타드를 버무려 중간 불로 달군 팬에 앞뒤로 1분간 굽는다.
5. 바게트에 감자무스를 바른 뒤 파인애플을 겹쳐 얹고 베이컨을 뿌려 완성한다.

후르츠믹스
브루스케타

재료
바게트 4조각
과일(포도 4알, 귤 ½개, 키위 ½개, 자몽 ¼개)
마스카포네치즈 4스푼

선택 재료
슈가파우더 약간

#46

1. 과일은 껍질을 벗겨 먹기 좋게 썬다.
2. 바게트 위에 치즈를 바른 뒤 과일을 얹고 슈가파우더를 뿌려 완성한다.

유부초밥

Tofu Sushi

초밥용 밥 만들기 (4-5개 기준)

재료	배합초	만드는 법
밥 1공기 (=약 200g)	식초 3스푼 설탕 2스푼 소금 ¼스푼	**1.** 뜨거운 밥에 **배합초**를 넣어 골고루 섞는다. **2.** 한입 크기로 동그랗게 모양을 잡는다.

마라참치
유부초밥

재료
양파 ¼개
가지 ⅙개
색색 파프리카 각각 ⅕개
통조림 참치 ½캔(= 약 80g)
유부 4개
초밥용 밥 1공기

선택 재료
허브 약간

마라소스
시판 마라소스 5스푼
물엿 2스푼
후춧가루 약간

#47

1. 양파, 가지, 파프리카는 잘게 다지고 참치는 기름을 뺀다.
2. 중간 불로 달군 팬에 기름을 둘러 채소를 볶다가 양파가 반투명해지면 참치와 **마라소스** 재료를 넣고 볶는다.
3. 유부에 초밥을 넣은 뒤 마라참치를 올리고 허브로 장식해 완성한다.

불고기
유부초밥

재료
불고기 100g(p.133 참고)
유부 4개
초밥용 밥 1공기

선택 재료
송송 썬 쪽파 약간
실고추 약간

#48

1. 불고기는 다져서 기름기를 제거한다.
2. 유부에 초밥을 넣고 불고기를 올린 뒤 쪽파를 뿌리고 실고추를 올려 완성한다.

스크램블에그
유부초밥

재료
달걀 2개
우유 3스푼
소금 약간
후춧가루 약간
버터 1스푼   **선택 재료**
유부 4개   송송 썬 쪽파 1대
초밥용 밥 1공기   고추냉이 약간

#49

1. 볼에 달걀, 우유, 소금, 후춧가루를 넣어 고루 풀어 달걀물을 만든다.
2. 중간 불로 달군 팬에 버터를 녹인 뒤 달걀물을 넣어 나무젓가락으로 저어가며 스크램블에그를
   만든다.
3. 유부에 초밥을 넣은 뒤 스크램블에그를 얹고 쪽파와 고추냉이를 올려 완성한다.

크래미마요
유부초밥

재료   **양념**
크래미 4줄   마요네즈 2스푼
유부 4개   꿀 ½스푼
초밥용 밥 1공기   소금 약간
고추냉이 약간   후춧가루 약간

#50

1. 크래미를 잘게 찢은 뒤 **양념**을 섞어 크래미마요를 만든다.
2. 유부에 초밥을 넣은 뒤 크래미마요를 얹고 고추냉이를 올려 완성한다.

초문어
유부초밥

재료
오이 ¼개
문어숙회 12쪽
유부 4개
초밥용 밥 1공기
데친 미나리 약간

절임물
소금 ⅓스푼
설탕 ⅓스푼
물 ½컵

초고추장 양념
설탕 1스푼
다진 마늘 ½스푼
고추장 1스푼
식초 2스푼
참기름 약간
참깨 약간

#51

1. 오이는 어슷썰기해 **절임물**에 10분간 절인 뒤 키친타월로 물기를 제거한다.
2. **초고추장 양념**은 설탕이 녹을 때까지 섞는다.
3. 유부에 초밥을 넣고 문어-오이순으로 반복해 겹쳐 올린다.
4. 초고추장을 뿌린 뒤 미나리로 묶어 완성한다.

모둠포케
유부초밥

재료
양파 ¼개
아보카도 ½개
생연어 50g
소고기 50g
유부 4개
초밥용 밥 1공기

선택 재료
슬라이스 래디시 약간

밑간
설탕 ⅓스푼
다진 마늘 ½스푼
간장 1스푼
맛술 ½스푼
후춧가루 약간
참기름 약간

포케소스
설탕 1스푼
간장 1스푼
참기름 ¼스푼
고추냉이 ¼스푼
물 1스푼
레몬즙 약간

#52

1. 양파, 아보카도, 연어, 소고기는 사방 1cm 큐브 모양으로 썬다.
2. 소고기에 **밑간**을 해 10분간 재운 뒤 중간 불로 달군 팬에 볶아 익힌다.
3. 센 불로 달군 팬에 기름을 둘러 양파가 반투명해질 때까지 볶는다.
4. 볼에 **포케소스**를 넣고 설탕이 녹을 때까지 섞은 뒤 양파, 아보카도, 연어, 고기를 넣어 버무린다.
5. 유부에 초밥을 넣고 버무린 재료를 얹고 래디시를 올려 완성한다.

동남아풍 새우
유부초밥

재료
빨간 파프리카 ½개
다진 새우 4스푼
버터 1스푼
새우(중) 4마리(*새우는
꼬리가 있는 것으로 준비한다.)
유부 4개
초밥용 밥 1공기

선택 재료
허브 약간

소스
스위트 칠리소스 2스푼
피시소스 ¼스푼
다진 마늘 ¼스푼
소금 약간
후춧가루 약간

#53

1. 파프리카는 잘게 다진다.
2. 중간 불로 달군 팬에 기름을 둘러 파프리카, 다진 새우, **소스**를 넣고 볶아 새우채소볶음을 만든다.
3. 중간 불로 달군 팬에 버터를 녹여 새우(중)를 넣고 소금을 뿌려 노릇해질 때까지 굽는다.
4. 유부에 초밥을 넣은 뒤 새우채소볶음을 올리고 꼬리 살린 새우와 허브를 얹어 완성한다.

매콤제육
유부초밥

재료
양파 ¼개
쪽파 3대
다진 돼지고기 ¼컵
(= 약 50g)
유부 4개
초밥용 밥 1공기
참깨 약간

고추장 양념
설탕 ½스푼
고춧가루 ⅓스푼
다진 마늘 ½스푼
큐민가루 ⅓스푼
고추장 1스푼
간장 ¼스푼
물엿 ½스푼
참기름 약간

#54

1. 양파는 잘게 다지고, 쪽파는 송송 썬다.
2. 돼지고기에 **고추장 양념**을 넣어 10분간 재운다.
3. 중간 불로 달군 팬에 기름을 둘러 양념된 고기를 볶아 익힌다.
4. 유부에 초밥을 넣은 뒤 양파, 고기볶음, 쪽파를 얹고 참깨를 뿌려 완성한다.

와규스테이크
유부초밥

재료
와규 100g
데리야키소스 2스푼(p.136 참고)
유부 4개
초밥용 밥 1공기
고추냉이 약간

#55

1. 센 불로 달군 팬에 와규를 올려 앞뒤로 살짝 익힌다.

2. 한입 크기로 썰어 데리야키소스를 앞뒤로 바른다.

3. 유부에 초밥을 넣은 뒤 와규를 얹고 고추냉이를 올려 완성한다.

닭갈비
유부초밥

재료
양파 ¼개
양배추 1장
닭다리살 1쪽(= 약 100g)
유부 4개
초밥용 밥 1공기

선택 재료
처빌 약간

닭갈비 양념
고춧가루 ½스푼
다진 마늘 ⅓스푼
고추장 ½스푼
굴소스 ½스푼
간장 ½스푼
물엿 2스푼
후춧가루 약간

#56

1. 양파, 양배추는 다지고 닭다리살은 작게 썬다.

2. 볼에 채소, 닭다리살, **닭갈비 양념**을 넣어 고루 섞은 뒤 15분간 재운다.

3. 중간 불로 달군 팬에 기름을 둘러 닭갈비가 익을 때까지 볶는다.

4. 유부에 초밥을 넣고 닭갈비와 처빌을 올려 완성한다.

데리야키소보로
유부초밥

재료
홍고추 ½개
쪽파 1대
다진 돼지고기 ½컵(= 약 100g)
유부 4개
초밥용 밥 1공기
참깨 약간

데리야키소스 재료
다진 마늘 ¼스푼
데리야키소스 2스푼(p.136 참고)
후춧가루 약간

#57

1. 고추, 쪽파는 송송 썬다.
2. 중간 불로 달군 팬에 기름을 둘러 돼지고기, **데리야키소스 재료**를 넣어 물기가 없어질 때까지 볶아 소보로를 만든다.
3. 유부에 초밥을 넣은 뒤 소보로를 얹고 고추, 쪽파를 올린 뒤 참깨를 뿌려 완성한다.

날치알 연어마요
유부초밥

재료
양파 ¼개
노란 파프리카 ⅓개
날치알 1스푼
맛술 1스푼
생연어 100g
유부 4개
초밥용 밥 1공기

선택 재료
무순 약간

양념
마요네즈 3스푼
레몬즙 ½스푼
꿀 약간
후춧가루 약간

#58

1. 양파, 파프리카는 잘게 다진다.
2. 날치알은 맛술에 10분간 재운 뒤 체에 밭쳐 물기를 제거한다.
3. 중간 불로 달군 팬에 기름을 둘러 연어를 앞뒤로 익힌 뒤 키친타월로 기름을 제거한다.
4. 구운 연어를 큐브 모양으로 썬 뒤 볼에 채소와 **양념**을 넣고 섞어 연어마요를 만든다.
5. 유부에 초밥을 넣은 뒤 연어마요를 얹고 날치알과 무순을 올려 완성한다.

캐릭터
유부초밥 1

재료
통조림 햄 ½(= 약 100g)
김밥용 김 ½장
유부 4개
초밥용 밥 1공기
케첩 약간
허브 약간

준비물
하트모양 쿠키커터
가위
조리용 핀셋
케첩용 튜브

#59

1. 햄은 1.5cm 두께로 썬 뒤 중간 불로 달군 팬에 앞뒤로 굽는다.

2. 쿠키커터로 찍어내고, 김은 눈과 입 모양으로 자른다.

3. 유부에 초밥을 넣고 구운 햄을 올린 뒤 김과 케첩, 허브를 활용해 꾸민다.

캐릭터
유부초밥 2

재료
초밥용 밥 1공기
유부 4개
연어알 8개
파프리카 약간
김밥용 김 약간

준비물
가위
조리용 핀셋

#60

1. 초밥을 8등분해 동그랗게 뭉친다.

2. 유부바닥에 초밥을 평편하게 깔고 그 위로 동그랗게 뭉친 초밥 두 개를 얹는다.

3. 연어알, 파프리카, 김으로 얼굴을 완성한다.

새송이버섯
두부초밥

재료
새송이버섯 1개
두부 1모(= 약 200g)
시판 유부초밥세트 1봉

선택 재료
검은깨 약간

#61

1. 새송이버섯은 잘게 다진 뒤 살짝 데치고 두부는 물기를 뺀다.
2. 볼에 새송이버섯, 두부, 유부초밥에 동봉된 프레이크와 조미소스를 넣고 두부를 으깨가며 고루
   섞는다.
3. 유부를 채운 뒤 깨를 뿌려 완성한다.

유부샐러드

재료   **드레싱**
오이 1개   마요네즈 ½컵
양파 ½개   설탕 ½스푼
노란 파프리카 ½개   소금 한꼬집
크래미 5줄   후춧가루 약간
시판 유부초밥세트 1봉

#62

1. 오이는 길이로 반으로 갈라 씨를 빼고 큐브 모양으로 작게 썬다.
2. 양파, 파프리카도 오이와 같은 크기로 썬다.
3. 크래미는 먹기 좋게 찢는다.
4. 손질된 재료를 볼에 넣고 **드레싱**으로 버무린다.
5. 유부 안에 가득 채워 완성한다.

오니기리
Rice Ball

오니기리용 초밥 만들기(4-5개 기준)

재료
밥 1공기
(=약 200g)

배합초
식초 2스푼
설탕 1스푼
소금 ¼스푼

만드는 법
1. 뜨거운 밥에 **배합초**를 넣어 골고루 섞는다.
2. 한입 크기로 빚어 모양을 잡는다.

불고기
오니기리

재료
초밥 1공기
마요네즈 1스푼
다진 불고기 4스푼(p.133 참고)

선택 재료
다진 쪽파 약간
래디시 약간

#63

1. 초밥은 한입 크기로 동글납작하게 모양을 잡는다.

2. 초밥 위에 마요네즈-쪽파-초밥-불고기를 얹는다.

3. 래디시를 올려 완성한다.

와규
오니기리

재료
양파 ½개
와규 100g
초밥 1공기
데리야키소스(p.136 참고)

선택 재료
와일드 루꼴라 약간

#64

1. 양파는 채 썰고 와규는 먹기 좋은 크기로 썬다.

2. 중간 불로 달군 팬에 기름을 둘러 양파를 볶다가 와규, 데리야키소스를 넣어 익힌다.

3. 모양 잡은 초밥 위에 와규를 올리고 루꼴라로 장식해 완성한다.

〈Tip. 시판 데리야키소스를 사용하면 편하다.〉

데리야키치킨
오니기리

재료
양파 ¼개
닭다리살 1쪽(= 약 100g)
초밥 1공기

선택 재료
허브 약간

양념
데리야키소스 3스푼(p.136 참고)
후춧가루 약간

#65

1. 양파는 채 썰고 닭다리살은 먹기 좋은 크기로 썬다.
2. 중간 불로 달군 팬에 기름을 둘러 양파를 볶는다.
3. 양파향이 올라오면 닭다리살과 **양념**을 넣고 익을 때까지 볶는다.
4. 모양 잡은 초밥 위에 데리야키치킨을 올리고 허브로 장식한다.

슈림프치킨
오니기리

재료
색색 파프리카 각각 ¼개
닭다리살 1쪽(= 약 100g)
새우(중) 10마리
초밥 1공기

선택 재료
파르메산치즈가루 약간
파슬리가루 약간

소스
스위트칠리소스 3스푼
후춧가루 약간

#66

1. 파프리카는 다지고 닭다리살은 먹기 좋게 썬다.
2. 중간 불로 달군 팬에 기름을 둘러 파프리카를 볶다가 닭다리살을 넣어 볶는다.
3. 닭다리살이 익으면 새우와 **소스**를 넣고 익힌다.
4. 모양 잡은 초밥 위에 닭다리살 볶음-새우를 올리고 치즈가루, 파슬리가루를 뿌려 완성한다.

새우장
오니기리

재료
시판 간장새우 3마리
밥 1공기
후리카케 약간

선택 재료
홍고추 약간

#67

1. 새우는 먹기 좋게 썬다.

2. 뜨거운 밥에 후리카케와 참기름을 섞어 동그랗게 모양을 잡는다.

3. 다진 새우를 올리고 홍고추를 올려 완성한다.

타코
오니기리

재료
자숙문어 1컵
가쓰오부시 ⅓줌
초밥 1공기

소스
데리야키소스 2스푼(p.136 참고)
마요네즈 1스푼

#68

1. 문어는 한입 크기로 저미듯이 썬다.

2. 동글납작하게 모양낸 초밥 위에 문어를 얹는다.

3. 소스를 각각 뿌리고 가쓰오부시를 올려 완성한다.

카레
오니기리

재료
표고버섯 1개
양파 ¼개
당근 ⅕개
색색 파프리카 각각 ¼개
다진 소고기 ¼컵(= 약 50g)
밥 1공기

선택 재료
완두콩 약간

밑간 양념
맛술 1스푼
후춧가루 약간

양념
카레가루 2스푼
설탕 ¼스푼
다진 마늘 ¼스푼

#69

1. 버섯, 양파, 당근, 파프리카는 깍둑썰기한다.
2. 고기는 **밑간 양념**에 10분간 재운다.
3. 중간 불로 달군 팬에 기름을 둘러 채소와 고기를 볶다가 **양념**(⅓분량)을 넣어 골고루 섞으면서 볶아 익힌다.
4. 중간 불로 달군 팬에 기름을 둘러 나머지 양념과 밥을 넣고 고루 섞어 살짝 볶아 한김 식힌다.
5. 볶음밥을 동글납작하게 모양을 잡고 고기채소볶음과 완두콩을 올려 완성한다.

소시지
오니기리

재료
비엔나소시지 8개
다진 마늘 ¼스푼
밥 1공기

선택 재료
허브 약간

양념
케첩 2-3스푼
설탕 약간
후춧가루 약간

밥양념
케첩 1스푼
설탕 약간
후춧가루 약간

#70

1. 소시지는 어슷하게 칼집을 낸다.
2. 중간 불로 달군 팬에 기름을 둘러 다진 마늘을 볶다가 소시지와 **양념**을 넣어 볶는다.
3. 뜨거운 밥에 **밥양념**을 고루 섞은 뒤 동글납작하게 모양을 잡는다.
4. 밥 위에 소시지볶음을 올리고 허브를 올려 완성한다.

비트크랩
오니기리

재료
색색 파프리카 각각 ¼개
크래미 3줄
초밥 1공기
다진 비트피클 50g

선택 재료
처빌 약간

양념
마요네즈 1스푼
소금 약간
후춧가루 약간

#71

1. 파프리카와 크래미는 다진다.
2. 파프리카와 크래미를 **양념**에 버무린다.
3. 모양 잡은 초밥 위에 다진 비트피클, 버무린 크래미를 올리고 처빌을 올려 완성한다.

참치마요
오니기리

재료
양파 ½개
색색 파프리카 각각 ⅓개
통조림 참치 1캔(= 약 150g)
초밥 1공기

선택 재료
처빌 약간
레드페퍼 약간

마요 양념
마요네즈 3스푼
설탕 ½스푼
소금 ⅕스푼
후춧가루 약간

#72

1. 양파, 파프리카는 다지고 참치는 기름을 뺀다.
2. 볼에 참치, 다진 채소, **마요 양념**을 넣어 버무려 참치마요를 만든다.
3. 동글납작하게 만든 초밥 위에 참치마요를 올리고 처빌과 레드페퍼를 올려 완성한다.

에그플랜 오니기리

재료
가지 ⅕개
노란 파프리카 ⅓개
소금 약간
후춧가루 약간
다진 돼지고기 ¼컵(= 약 50g)
초밥 1공기
마요네즈 약간

선택 재료
타임 약간

고추장 양념
고추장 ½스푼
설탕 ½스푼
간장 1스푼
다진 마늘 ⅓스푼
후춧가루 약간

#73

1. 가지, 파프리카는 다진다.
2. 중간 불로 달군 팬에 기름을 둘러 채소를 넣고 소금, 후춧가루를 뿌려 2분 정도 볶아 꺼낸다.
3. 같은 팬에 돼지고기를 넣고 볶다가 **고추장 양념**을 넣어 고기가 익을 때까지 볶는다.
4. 모양 잡은 초밥 위에 볶음채소를 올린 뒤 마요네즈를 올린다.
5. 고기볶음을 얹고 타임을 올려 완성한다.

낫토 스시

재료
쪽파 1대
김밥용 김 1장
초밥 1공기
시판 낫토 1팩
간 무 1스푼
고추냉이 약간

#74

1. 쪽파는 송송 썰고 김밥용 김은 2cm 폭으로 길게 자른다.
2. 모양 잡은 초밥 테두리에 김을 두른 뒤 낫토를 얹고 간 무, 고추냉이, 쪽파를 올려 완성한다.

연어알 롤스시

재료
연어알 3스푼
맛술 1스푼
오이 1개
배합초 2스푼(p.136 참고)
초밥 1공기

#75

1. 연어알은 맛술에 담가 둔 뒤 체에 발쳐 물기를 제거한다.
2. 오이를 필러로 얇게 슬라이스해 배합초를 묻혀 10분간 절인 뒤 물기를 제거한다.
3. 모양 잡은 초밥을 절인 오이로 두르고 연어알을 올려 완성한다.

양배추쌈밥

재료
양배추 4장
밥 ½공기(= 약 100g)
참기름 ½스푼
소금 1꼬집

강된장 재료
된장 1스푼
고추장 ½스푼
멸치가루 ⅕스푼
설탕 ⅓스푼
참깨 ¼스푼
물 ¼컵

#76

1. 뚝배기에 **강된장 재료**를 넣어 저어가며 뭉근하게 끓여 강된장을 만든다.
2. 양배추는 깨끗하게 씻어 찜기에 넣고 10분간 찐다.
3. 볼에 밥, 참기름, 소금을 넣어 고루 섞은 뒤 동그랗게 뭉친다.
4. 양배추를 펼쳐 밥을 얹고 예쁘게 만 뒤 강된장을 올려 완성한다.

케일쌈밥

재료
케일 4장
밥 ½공기
참기름 1스푼
소금 약간

강된장 재료
된장 1스푼
고추장 ½스푼
멸치가루 ⅕스푼
설탕 ⅓스푼
참깨 ¼스푼
물 ¼컵

#77

1. 뚝배기에 **강된장 재료**를 넣고 저어가면서 뭉근하게 끓여 강된장을 만든다.
2. 끓는 물에 케일을 넣고 30-40초간 데친다.
3. 볼에 밥, 참기름, 소금을 넣어 고루 섞은 뒤 동그랗게 뭉친다.
4. 케일을 펼쳐 밥을 얹고 돌돌 만 뒤 강된장을 올려 완성한다.

83

미니라이스 고로케

재료
당근 ⅕개
양파 ⅕개
피망 ¼개
밥 1공기
밀가루 ½스푼
달걀 1개
빵가루 ½컵
(* 달걀은 볼에 넣고 골고루
저어 달걀물로 준비한다.)

소스
시판 토마토소스 ¼컵
케첩 1스푼
소금 약간
후춧가루 약간

선택 재료
처빌 약간
레드페퍼 약간

#78

1. 당근, 양파, 피망은 잘게 다진 뒤 중간 불로 달군 팬에 기름을 둘러 소금, 후춧가루를 뿌려 볶는다.
2. 양파가 반투명해지면 밥과 **소스**를 넣고 3분간 볶아 꺼낸다.
3. 한김 식힌 뒤 지름 4cm 크기로 둥글게 뭉친다.
4. 밀가루-달걀물-빵가루 순으로 묻힌 뒤 170도의 기름에 노릇하게 튀긴다.
5. 고로케 위에 튀일을 얹어 완성한다.

파이
Pie

식빵파이(4개 분량)

준비물	재료	만드는 법
지름 6cm 원형쿠키커터	식빵 2장	1. 6cm 크기 원형쿠키커터로 식빵을 찍어낸다.
지름 7cm 머핀틀	버터 1스푼	2. 머핀틀에 버터를 바르고 식빵을 눌러 넣어 170도로 예열한 오븐에 5분간 굽는다.

감자무스파이

재료
래디쉬 ½개
식빵파이 4개

감자무스 재료
삶은 감자 2개
설탕 1스푼
마요네즈 4스푼

#79

1. 래디시는 모양을 살려 얇게 썬다.
2. 볼에 **감자무스 재료**를 넣고 으깨어 고루 버무린다.
3. 파이 위에 감자무스 1스푼을 올리고 래디시를 올려 완성한다.

〈Tip. 감자무스는 짤주머니에 넣어 짜면 모양내기 좋다.〉

과일크림치즈 파이

재료
키위 1개
딸기 2개
블루베리 약간
식빵파이 4개

선택 재료
슈가파우더 약간
애플민트 약간

크림치즈 재료
마스카포네치즈 2스푼
요거트 1스푼
설탕 1스푼

#80

1. 키위, 딸기, 블루베리는 먹기 좋게 썬다.
2. 볼에 **크림치즈 재료**를 넣어 고루 섞는다.
3. 파이 위에 크림치즈, 과일을 얹고 슈가파우더를 뿌리고 애플민트로 장식한다.

패티볼파이

재료
패티 50g
시판 데미글라스소스 5스푼
식빵파이 4개

선택 재료
쏘렐 약간

#81

1. 중간 불로 달군 팬에 기름을 둘러 패티를 노릇하게 굽는다.
2. 데미글라스소스를 부어 골고루 섞어 1분간 볶는다.
3. 파이 위에 패티볼을 얹고 쏘렐을 올려 완성한다.

스위트칠리
치킨파이

재료
닭다리살 1쪽(= 약 150g)
전분가루 1스푼
스위트칠리소스 4스푼
식빵파이 4개

감자무스 재료
삶은 감자 2개
설탕 1스푼
마요네즈 4스푼

#82

1. 볼에 **감자무스 재료**를 넣고 으깨어 고루 버무린다.
2. 닭다리살을 먹기 좋게 썰어 전분가루를 묻힌다.
3. 중간 불로 달군 팬에 기름을 둘러 앞뒤로 노릇하게 튀기듯 굽는다.
4. 스위트칠리소스를 넣어 2분간 조리듯 익힌다.
5. 파이 위에 감자무스 ½스푼, 닭다리살을 1스푼 올려 완성한다.

콘치즈감자파이

재료
통조림 옥수수 4스푼
식빵파이 4개
모차렐라치즈 2스푼

감자무스 재료
삶은 감자 2개
설탕 1스푼
마요네즈 4스푼

선택 재료
파슬리 가루 약간

#83

1. 볼에 **감자무스 재료**를 넣고 으깨어 옥수수와 함께 고루 버무린다.

2. 파이 안에 옥수수감자무스 1스푼을 올리고 치즈를 올린다.

3. 180도로 예열한 오븐에 5분간 돌린 뒤 파슬리가루를 뿌려 완성한다.

피자파이

재료
색색 파프리카 각각 ¼개
양송이버섯 ½개
식빵파이 4개
모차렐라치즈 ⅕컵(= 약 20g)

피자소스
시판 토마토소스 2스푼
설탕 ½스푼

선택 재료
파슬리가루 약간

#84

1. 파프리카와 버섯은 다진다.

2. 파이 위에 **피자소스**, 파프리카, 버섯, 치즈를 올린 뒤 170도로 예열한 오븐에 3분간 굽는다.

3. 치즈가 녹으면 파슬리가루를 뿌려 완성한다.

카나페

Canapé

카나페는 다양한 재료를 사용하여 파티용으로 자주 사용된다.
맛도 중요하지만 모양이 작고 아름다워야 하며 손쉽게 집어먹기 편하게 만들어져
야 한다. 사용하는 재료에 따라 약간의 차이는 있으나 일찍 만들어놓으면 습기가
생기거나 이와 반대로 음식의 표면이 건조하여 맛과 모양이 손상되므로 먹는 시간
을 잘 맞춰 만들어야한다.

김치말이
카나페

재료
오이 ⅙개
양파 ¼개
신김치 ½컵
소면 ¼줌
엔다이브 4장
참깨 약간

김치양념
시판 냉면육수 1스푼
설탕 ¼스푼
고춧가루 ¼스푼
참기름 ⅓스푼

#85

1. 오이, 양파는 채 썰고 김치는 다진다.
2. 볼에 다진 김치, 양파, **김치양념**을 넣어 고루 섞는다.
3. 끓는 물에 소면을 삶아 찬물에 헹군 뒤 양념된 김치와 고루 버무린다.
4. 엔다이브 위에 버무린 면과 오이를 올린 뒤 참깨를 뿌려 완성한다.

훈제오리
단호박무스
카나페

재료
훈제오리 2쪽
엔다이브 4장

선택 재료
파슬리가루 약간

단호박무스
미니 단호박 ½개
생크림 ¼컵(= 약 50ml)
버터 ½스푼
소금 약간
설탕 ⅓스푼

#86

1. 중간 불로 달군 팬에 훈제오리를 구운 뒤 먹기 좋게 썬다.
2. 단호박을 내열용기에 넣고 랩을 씌운 뒤 전자레인지에 약 10분간 돌려 껍질을 벗겨
   씨를 제거하고 한입 크기로 썬다.
3. 믹서기에 단호박과 나머지 **단호박무스** 재료를 넣고 곱게 갈아 단호박무스를 만든다.
4. 엔다이브 위에 단호박무스, 훈제오리를 올리고 파슬리가루를 뿌려 완성한다.

치즈샐러드
카나페

재료
엔다이브 4장
꿀 적당량

소스재료
마스카포네치즈 4스푼
다진 크랜베리 1스푼
캔 옥수수 1스푼
다진 견과류 1스푼

#87

1. **소스 재료**를 모두 섞는다.
2. 엔다이브 위에 올린 뒤 꿀을 뿌려 완성한다.

양송이치즈
카나페

재료
양송이버섯 4개
색색 파프리카 각각 ⅕개
모차렐라치즈 ½스푼
소금 약간
후춧가루 약간

선택 재료
파슬리가루 약간

#88

1. 버섯은 기둥을 제거하고 파프리카는 다진다.
2. 버섯 안에 파프리카, 치즈를 올린다.
3. 소금, 후추를 뿌린 뒤 180도로 예열한 오븐에 5분간 돌린다.
4. 치즈가 녹으면 파슬리가루를 뿌려 완성한다.

피넛샐러드 카나페

재료
적양배추 2장
당근 ⅕개
양파 ¼개
춘권피 1장
미니 머핀틀
달걀 1개
땅콩가루 약간(* 달걀은 볼에 풀어
달걀물을 만들어 준비한다.)

선택 재료
처빌 약간

소스 재료
땅콩버터 2스푼
식초 ¼스푼
레몬즙 ¼스푼
올리브유 ½스푼
간장 ½스푼
설탕 ¼스푼
다진 마늘 ¼스푼
소금 약간
후춧가루 약간

#89

1. 적양배추, 당근, 양파는 채 썰어 **소스 재료**에 버무린다.
2. 춘권피는 4등분해 머핀틀에 모양을 잡아넣고 달걀물을 발라 160도로 예열한 오븐에
   노릇해질 때까지5분간 구워 식힌다.
3. 춘권피 컵 안에 버무린 재료를 넣고 땅콩가루와 처빌을 올려 완성한다.

훈제오리 카나페

재료
춘권피 1장
미니 머핀틀
달걀 1개
색색 파프리카 각각 ⅓개
훈제오리 4쪽
다진 김치 1스푼(* 달걀은 볼에 풀어
달걀물을 만들어 준비한다.)

선택 재료
땅콩가루 약간

소스 재료
땅콩버터 2스푼
식초 ¼스푼
레몬즙 ¼스푼
올리브유 ½스푼
간장 ½스푼
설탕 ¼스푼
다진 마늘 ¼스푼
소금 약간
후춧가루 약간

#90

1. 춘권피는 4등분해 머핀틀에 모양을 잡아넣고 달걀물을 발라 160도로 예열한 오븐에 노릇해질
   때까지5분간 구워 식힌다.
2. **소스 재료**는 고루 섞는다.
3. 파프리카는 채 썰고 훈제오리도 얇게 썰어 노릇하게 굽는다.
4. 춘권피 컵에 훈제오리, 파프리카, 김치를 담고 소스 재료를 한쪽에 올린 뒤 땅콩가루를 뿌려 완성한다.

누룽지
카나페

재료
밥 ⅓공기
모차렐라치즈 ¼컵(= 약 50g)

선택 재료
파슬리가루 약간

딥핑소스
스리라차소스 1스푼
올리고당 ½스푼
마요네즈 1스푼

#91

1. **딥핑소스**를 고루 섞는다.
2. 중간 불로 달군 팬에 기름을 둘러 밥을 올려 누르면서 앞뒤로 노릇하게 구워 누룽지를 만든다.
3. 누룽지 위에 치즈를 올린 뒤 뚜껑을 덮고 중약 불에 치즈가 다 녹으면 접시에 담는다.
4. 딥핑소스, 파슬리가루를 뿌려 완성한다.

딸기 산타
카나페

재료
식빵 3장
딸기 10개
생크림 1컵
설탕 1/2스푼
초코펜 1개
딸기초코펜 1개
별사탕 약간

#92

1. 식빵은 테두리를 잘라 4등분한다.
2. 딸기는 깨끗이 씻어 꼭지를 따고 가로로 2등분한다.
3. 생크림에 설탕을 넣고 거품기로 저어가며 단단하게 만들어 짤주머니에 넣는다.
4. 식빵 위에 생크림을 약간 묻힌 뒤 딸기-생크림-딸기-생크림-별사탕을 올린다.
5. 초코펜과 딸기펜으로 얼굴을 만들어 완성한다.

샌드위치
Sandwich

sandwich

대만식 샌드위치
(4개 분량)

재료
달걀 2개
식빵 3개
샌드위치용 햄 1장
마요네즈 2스푼
체다치즈 1장
(* 볼에 달걀을 풀어 달걀물을 준비한다.)

버터크림
버터 2스푼
연유 2스푼
소금 1꼬집

#93

1. 약한 불에 기름을 둘러 키친타월로 닦아낸 뒤 달걀물을 부어 지단을 만든다.
2. 중간 불로 달군 팬에 햄을 굽는다.
3. 볼에 버터를 넣고 전자레인지에 20초 정도 돌린 뒤 연유, 소금을 넣고 고루 섞어 버터크림을 만든다.
4. 식빵에 마요네즈-달걀지단-햄-버터크림-식빵-버터크림-햄-치즈-버터크림-식빵 순으로 올려
   4등분해 완성한다.

〈Tip. 랩으로 감싼 뒤 썰면 깔끔하다.〉

라즈베리치즈
샌드위치
(4개 분량)

재료
샌드위치용 햄 2장
식빵 3장
체다치즈 2장
라즈베리잼 2스푼
달걀 2개
계핏가루 2꼬집
버터 1스푼
(달걀은 볼에 풀고 계핏가루를 넣어 달걀물로 만들어 준비한다.)

소스
마요네즈 1스푼
머스타드 1스푼

선택 재료
슈가파우더 약간

#94

1. 끓는 물에 햄을 30초간 데친다.
2. 식빵-**소스**-햄-치즈-식빵-라즈베리잼-식빵 순으로 올린다.
3. 달걀물을 고루 묻힌 뒤 중간 불로 달군 팬에 버터를 둘러 사방을 노릇하게 굽는다.
4. 사선으로 썰어 그릇에 담고 슈가파우더를 뿌려 완성한다.

미니버거
(8개 기준)

재료
미니 번 8개(p.134 참고)
토마토 1개
양파 1개
체다치즈 2장
미니패티 8장(p.133 참고)
치커리 1줌
피클 적당량

햄버거 소스
데리야키소스 ⅓컵(p.136 참고)
시판 돈까스소스 ⅓컵
마요네즈 ½컵
후춧가루 약간

1. 미니 번은 반으로 가른다.
2. 토마토는 모양을 살려 0.5cm 두께로 썰고, 양파는 링 모양으로 썬다.
3. 치즈는 4등분하고 **햄버거 소스**는 고루 섞어 준비한다.
4. 둥글납작하게 모양낸 패티를 중간 불로 달군 팬에 기름을 둘러 앞뒤로 노릇하게 익힌다.
5. 번-햄버거 소스-치커리-패티-양파-치즈-토마토 순으로 올린 뒤 번을 덮고 피클을 꽂아 완성한다.

타마고샌드
(4개 분량)

재료
식빵 3장
정사각오븐팬 1개
(20x20cm)

머스타드소스
머스타드 ½스푼
마요네즈 1스푼

고추냉이소스
고추냉이 ½스푼
마요네즈 1스푼

타마고 재료
달걀 7개
맛술 2스푼
간장 2스푼
설탕 4스푼
우유 2/3컵(= 약 150ml)

1. 볼에 달걀을 고루 푼 뒤 나머지 **타마고 재료**를 넣고 체에 2번 거른다.
2. 사각팬에 종이호일을 깔고 달걀물을 부은 뒤 종이호일로 덮는다.
   (종이호일은 사각틀 모양으로 잘라 사용한다.)
3. 150도로 예열된 오븐에 50분간 중탕으로 구운 뒤 식빵 크기로 썰어 2장을 만든다.
4. 식빵 위에 **머스타드소스**-타마고-식빵-**고추냉이소스**-타마고-식빵 순으로 올려 4등분해 완성한다.

ETC

minitaco

두부강정샌드

재료
느타리버섯 ⅓줌
두부 ½모
전분가루 약간
시판 땅콩소스 2스푼
땅콩가루 약간
소금 약간
후춧가루 약간

#97

1. 버섯은 먹기 좋게 찢고 두부는 사방 4cm 크기로 썰어 전분가루를 고루 묻힌다.
2. 중간 불로 달군 팬에 기름을 둘러 두부를 앞뒤로 노릇하게 구운 뒤 땅콩소스 1스푼을 고루 묻히고 밑면에 땅콩가루를 묻힌다.
3. 센 불로 달군 팬에 기름을 둘러 버섯을 넣고 소금, 후춧가루를 뿌려 빠르게 볶아낸 뒤 땅콩소스 1스푼에 버무린다.
4. 접시에 두부를 올리고 버섯볶음을 올려 완성한다.

두부김치큐브
(4개 분량)

재료
두부 ½모
전분가루 약간
다진 김치 3-4스푼
다진 쪽파 약간
참깨 약간

양념
참기름 ½스푼
설탕 ¼스푼
고추장 ¼스푼

#98

1. 두부를 사방 4cm 크기로 썰어 전분가루를 고루 묻힌다.
2. 중간 불로 달군 팬에 기름을 둘러 두부를 앞뒤로 노릇하게 굽는다.
3. 팬에 다진 김치, **양념**을 넣어 약불에 5분간 볶는다.
4. 두부 가운데를 파내고 볶은 김치를 올려 쪽파와 참깨를 뿌려 완성한다.

메론 프로슈토

재료
메론 ½개
프로슈토 1장
모차렐라치즈볼 3개
화이트발사믹글레이즈 1스푼
과일스쿱 1개

선택 재료
애플민트 약간

#99

1. 메론은 과일스쿱으로 동그랗게 파내고 프로슈토는 모양대로 길게 찢는다.
2. 작은 볼 바닥에 글레이즈를 뿌린 뒤 메론, 프로슈토, 치즈를 겹겹이 올리고 애플민트로 장식한다.

무튀김 김치볶음밥

재료
무 ¼개
소금 2꼬집
후춧가루 약간
전분가루 ⅓스푼
다진 김치 4스푼
다진 베이컨 3스푼
굴소스 ½스푼
설탕 ¼스푼
밥 ⅔공기

선택 재료
다진 쪽파 약간
참깨 약간

#100

1. 무는 사방 4cm 크기로 썬 뒤 소금, 후춧가루로 10분간 절인다.
2. 키친타월로 물기를 제거한 뒤 전분가루를 묻혀 중간 불로 달군 팬에 기름을 둘러 노릇하게 굽는다.
3. 중간 불로 달군 팬에 기름을 둘러 김치, 베이컨, 굴소스, 설탕을 넣고 3분 정도 볶다가 밥을 넣어
   2분간 더 볶아 김치볶음밥을 만든다.
4. 구운 무 위에 김치볶음밥을 올린 뒤 쪽파와 참깨를 올려 완성한다.

미니비빔밥
(4개 분량)

재료
시금치 ½줌
표고버섯 1개
달걀 1개
당근 ⅙개
밥 1공기

시금치 양념
다진 마늘 1/3스푼
소금 2꼬집
국간장 1/5스푼
참기름 1/2스푼
참깨 약간

양념
고추장 ½스푼
참깨 약간
참기름 약간

#101

1. 시금치는 끓는 물에 30초 정도 데쳐 물기를 제거한 뒤 **시금치 양념**을 넣어 버무린다.
2. 표고버섯은 채 썰어 센 불로 달군 팬에 기름을 둘러 소금을 뿌려 1분간 볶는다.
3. 달걀은 흰자, 노른자를 분리해 황백지단으로 부친 뒤 다른 재료길이에 맞춰 채 썬다.
4. 당근은 길이에 맞춰 채 썬 뒤 센 불로 달군 팬에 기름을 둘러 소금을 뿌려 2분간 볶는다.
5. 미니 볼에 밥을 깔고 그릇 가장자리에 고추장을 ½스푼 담는다.
6. 준비한 재료를 가지런히 담고 참깨를 뿌린 뒤 고추장 위에 참기름을 약간 떨어뜨려 완성한다.

미니타코

재료
방울토마토 2개
아보카도 ¼개
양상추 1장
다진 소고기 ¼컵(= 약 50g)
다진 양파 3스푼
시판 타코쉘 4개

선택 재료
핫소스
미니스포이드

타코양념
시판 토마토소스 3스푼
케첩 1스푼
치킨스톡 1스푼
소금 약간
후춧가루 약간

#102

1. 방울토마토, 아보카도는 굵게 다지고 양상추는 얇게 채 썬다.
2. 중간 불로 달군 팬에 기름을 둘러 조린 소고기, 양파를 넣고 볶다가 물기가 없어지면
   타코양념을 넣어 조린다.
3. 타코쉘에 양상추를 깔고 조린 소고기 1스푼과 다진 채소를 올린다.
4. 핫소스를 담은 스포이드를 꽂아 완성한다.

미트볼 타르트

재료
타르트 쉘 4개(p.135 참고)
패티재료 100g(p.133 참고)
데리야키소스 3스푼(p.136 참고)

선택 재료
쏘렐 약간

매시트포테이토 재료
삶은 감자 1개
버터 ½스푼
우유 ⅓컵
설탕 약간
소금 약간

#103

1. 볼에 **매시트포테이토 재료**를 넣어 핸드블랜더로 곱게 갈고 식혀 짤주머니에 넣어 준비한다.
2. **패티 재료**를 볼에 넣어 고루 섞어 치댄 뒤 동그란 모양으로 빚는다.
3. 180도로 예열된 오븐에 10분간 구운 뒤 팬에 옮겨 데리야키소스를 넣어 조린다.
4. 타르트 쉘 위에 **매시트포테이토**를 채운 뒤 패티볼, 쏘렐을 올려 완성한다.

미니파프리카
치즈구이

재료
미니파프리카 2개
양파 ⅓개
가지 ⅕개
다진 소고기 ¼컵(= 약 50g)
다진 마늘 ½스푼
토마토스파게티소스 ½컵
모차렐라치즈 ½컵

양념
맛술 1스푼
소금 약간
후춧가루 약간

#104

1. 파프리카는 반으로 썰어 속을 파내고 양파, 가지는 곱게 다진다.
2. 소고기를 **양념**에 10분간 재운다.
3. 중간 불로 달군 팬에 기름을 두르고 다진 마늘, 양파를 볶는다.
4. 양파가 반투명해지면 소고기, 가지를 넣고 볶다가 소고기 색이 변하면 토마토스파게티소스를 넣고 농도가
   걸쭉해질 때까지 끓인다.
5. 파프리카에 소스를 넣고 치즈를 올려 180도로 예열한 오븐에 5분간 돌려 완성한다.

브라운스팸
(4개 분량)

재료
스팸 ¼캔
해시브라운 2개
케첩 ½스푼
4cm사각쿠키틀

#105

1. 스팸은 0.5cm 두께로 썬다.
2. 중간 불로 달군 팬에 기름을 둘러 해시브라운과 스팸을 노릇하게 굽는다.
3. 스팸과 해시브라운은 사각쿠키틀에 맞춰 찍어낸다.
4. 해시브라운-스팸-해시브라운 순으로 올린다.
5. 케첩을 올려 완성한다.

쌈무 주머니

재료
메추리알 8개
쌈무 8장
(*쌈무는 백년초 가루와 비트로 각각 색을 내 준비한다.)
백년초 가루(또는 비트) ⅓스푼
다진 단무지 약간
데친 미나리 8줄
허브 약간

#106

1. 메추리알은 삶은 뒤 껍질을 벗겨 쌈무로 감싼다.
2. 두 가지 쌈무에 각각 다진 단무지, 데친 미나리, 허브를 올려 완성한다.

월남쌈 롤
(4개 분량)

재료
깻잎 2장
당근 ⅕개
색색 파프리카 각각 ¼개
치커리 약간
아보카도 ¼개
라이스페이퍼 4장
생새우 4마리(*생새우는 끓는 물에 1분간 데쳐 준비한다.)

#107

1. 깻잎, 당근, 파프리카는 채 썰고, 치커리는 먹기 좋게 찢고, 아보카도는 길게 채 썬다.
2. 뜨거운 물에 라이스페이퍼를 살짝 담갔다 꺼내 펼친다.
3. 라이스페이퍼 위에 새우, 깻잎, 당근, 파프리카, 치커리, 아보카도를 올린 뒤 예쁘게 감싼다.
4. 단면이 보이게 썰어 완성한다.

육회볼 튀김

재료
배 ½개
소고기(육회용) 100g
메추리알 4개
밀가루 ½스푼
달걀 1개
빵가루 ½스푼
5cm원형 틀
(* 볼에 달걀을 풀어
달걀물을 준비한다.)

선택 재료
쪽파 1대

육회 양념
다진 마늘 ⅓스푼
설탕 ½스푼
국간장 ⅓스푼
참기름 ⅓스푼
소금 약간
후춧가루 약간

#108

1. 배는 1cm 두께로 썰어 원형틀로 찍고, 쪽파는 송송 썬다.
2. 소고기는 채 썰어 **육회 양념**에 버무린다.
3. 메추리알은 중간 불로 달군 팬에 기름을 둘러 반숙으로 프라이한다.
4. 육회를 둥글납작하게 만들어 밀가루-달걀물-빵가루 순으로 묻힌 뒤 170도의 기름에 겉만 살짝 튀긴다.
5. 배-육회-프라이 순으로 올리고 쪽파를 뿌려 완성한다.

오이로즈

재료
오이 ½개
크래미 2개
색색 파프리카 약간씩
페타치즈 20g
마요네즈 3스푼
후춧가루 약간

#109

1. 오이는 긴 모양을 살려 얇게 슬라이스한다.
2. 크래미는 얇게 찢어 다지고 파프리카와 치즈도 다진다.
3. 볼에 크래미, 파프리카, 치즈, 마요네즈, 후춧가루를 넣어 버무려 크래미마요를 만든다.
4. 오이 슬라이스에 크래미마요를 올리고 돌돌 말아 완성한다.

오이치즈

재료
오이 1개
블루치즈 6스푼
꿀 약간
애플민트 약간

#110

1. 오이는 길이로 반 갈라 속을 파낸다.
2. 오이 속에 블루치즈를 넣어 채우고 3cm 길이로 자른다.
3. 꿀을 뿌리고 애플민트를 올려 완성한다.

오코노미야키타워

재료
숙주 2줌
양배추 2장
양파 ⅔개
오징어 ½마리
가쓰오부시 1줌

반죽 재료
부침가루 1컵
달걀 1개
후춧가루 약간
물 적당량

소스
마요네즈 2스푼
돈가스소스 2스푼

#111

1. 숙주, 양배추, 양파는 먹기 좋게 썬다.
2. 오징어는 손질해 굵게 채 썬다.
3. 볼에 **반죽 재료**, 채소, 오징어를 넣어 고루 섞는다.
4. 중간 불로 달군 팬에 기름을 두르고 반죽을 올려 앞뒤로 노릇하게 굽는다.
5. **소스**를 뿌리고 가쓰오부시를 얹어 완성한다.

완두콩타워

재료
페스트리브릭 1장
2cm 원형틀 4개
삶은 완두콩 3스푼

선택 재료
식용꽃 약간

크림치즈육포소스
육포 10g
크림치즈 3스푼
연유 1스푼

#112

1. 페스트리브릭을 원형틀 높이에 맞춰 자르고 틀을 감싼 뒤 170도로 예열한 오븐에 약 8-10분 정도 굽는다.
2. 육포는 잘게 다져 볼에 넣고 크림치즈, 연유를 고루 섞은 뒤 짤주머니에 담는다.
3. 구운 페스트리브릭 안에 **크림치즈육포소스**를 반 정도 채우고 완두콩과 꽃을 올려 완성한다.

크래미타워

재료
페스트리브릭 1장
2cm 원형틀 4개
크래미 2줄
마요네즈 1스푼

선택 재료
쏘렐 약간

감자무스
삶은 감자 1개
마요네즈 3스푼
홀그레인 머스타드 ½스푼
설탕 ½스푼
소금 약간
후춧가루 약간

#113

1. 페스트리브릭을 원형틀 높이에 맞춰 20cm 길이로 자르고 틀을 감싼 뒤 170도로 예열한 오븐에 약 8-10분 정도 굽는다.
2. 볼에 **감자무스** 재료를 넣고 으깬 뒤 고루 섞어 짤주머니에 담는다.
3. 크래미를 찢어 볼에 넣고 마요네즈와 버무린다.
4. 구운 페스트리브릭 안에 감자무스를 반 정도 채우고 크래미를 얹은 뒤 쏘렐을 올려 완성한다.

콘타워

재료
페스트리브릭 1장
통조림 옥수수 2스푼
2cm원형틀 4개

선택 재료
애플민트 약간

크랜베리치즈소스
크림치즈 3스푼
연유 1스푼
다진 크랜베리 ½스푼
다진 사과 1스푼

#114

1. 페스트리브릭을 원형틀 높이에 맞춰 자르고 틀을 감싼 뒤 170도로 예열한 오븐에 약 8-10분 정도 굽는다.
2. 볼에 크림치즈와 연유를 넣어 고루 섞은 뒤 크랜베리와 사과를 섞어 짤주머니에 담는다.
3. 구운 페스트리브릭 안에 **크랜베리치즈소스**를 반 정도 채우고 옥수수와 애플민트를 올려 완성한다.

크래미 식빵롤

재료
식빵 2장
방울토마토 3개
다진 토마토 4스푼
크래미 2개
마요네즈 3스푼
루꼴라 약간
꼬치 4개

#115

1. 식빵은 테두리를 자르고 방울토마토는 반으로 썰고 크래미는 다진다.

2. 볼에 다진 토마토, 크래미, 마요네즈를 넣어 버무린다.

3. 식빵 위에 3cm 두께로 얹은 뒤 돌돌 만다.

4. 3등분으로 썬 뒤 루꼴라와 방울토마토 반개를 올려 꼬치를 꽂아 완성한다.

치즈오브더탑

재료
새송이버섯 1개
구이용 치즈 1개
비트피클 3개
프로슈토 1장
4cm원형틀

#116

1. 버섯과 치즈는 1cm 두께로 썰고, 비트피클은 0.5cm 두께로 썬다.

2. 중간 불로 달군 팬에 기름을 둘러 버섯과 치즈를 각각 노릇하게 굽는다.

3. 구운 버섯, 구운 치즈, 비트피클을 원형틀로 찍어낸다.

4. 버섯-비트피클-치즈 순으로 올리고 프로슈토를 올려 완성한다.

큐브감자튀김
(3-4개 분량)

재료
감자 1-2개

소스
케첩 ⅓스푼
바질페스토 ⅓스푼
마요네즈 ⅓스푼

#117

1. 감자는 껍질을 벗겨 사방 3cm 크기로 썬다.
2. 감자 중앙을 동그란 모양으로 파낸다.
3. 내열용기에 담아 전자레인지에 3분간 돌린 뒤 170도로 달군 기름에 노릇하게 튀겨 익힌다.
4. 소스를 곁들여 완성한다.

파인애플
베이컨말이

재료
아스파라거스 4개
파인애플 4쪽
베이컨 2-3줄

#118

1. 아스파라거스는 5cm 길이로 썰고 파인애플은 4cm 길이의 직사각모양으로 썬다.
2. 베이컨은 길이로 2등분한다.
3. 파인애플 위에 아스파라거스를 올린 뒤 베이컨을 돌려 만다.
4. 180도로 예열한 오븐에 10분간 굽는다.

⟨Tip. 오븐 대신 에어프라이어나 프라이팬도 가능하다.⟩

파인애플
포테이토 픽

재료
양파 ½개
비트 ⅙개(= 약 50g)
해시브라운 2개
링파인애플 2개
3cm원형틀 1개
꼬치 6개
닭가슴살 2쪽(= 약 300g)

배합초
식초 ½컵
설탕 ½컵
소금 1스푼

양념
소금 약간
후춧가루 약간

#119

1. 양파를 채 썬 뒤 비트와 함께 **배합초**에 담가 양파절임을 만든다.
2. 해시브라운은 앞뒤로 노릇하게 구운 뒤 파인애플과 함께 원형틀로 찍어낸다.
3. 닭가슴살을 얇게 저미듯 썬 뒤 넓게 펴고 소금, 후춧가루로 간한다.(*펼칠 수 있도록 2/3 정도까지만 썬다.)
4. 지름 3cm 크기로 돌돌 말아 랩으로 감싼다.
5. 80도 정도의 물에 넣고 20분간 익혀 랩을 벗긴 뒤 2.5cm 두께로 썬다.
6. 파인애플 위에 닭가슴살-양파절임-해시브라운을 올리고 꼬치를 꽂아 완성한다.

BLT 에그번

재료
양상추 1장
토마토 ½개
체다 치즈 1장
삶은 달걀 4개
베이컨 2줄

소스
허니머스타드 1스푼
마요네즈 3스푼
홀그레인 머스타드 ¼스푼
설탕 ¼스푼

#120

1. 양상추는 먹기 좋게 찢고 토마토는 모양을 살려 0.5cm 두께로 썬다.
2. 치즈는 4등분하고 달걀은 반으로 썬다.
3. 베이컨은 2등분해 앞뒤로 노릇하게 구운 뒤 반으로 접는다.
4. **소스**를 고루 섞어 준비한다.
5. 달걀 위에 소스-양상추-토마토-치즈-베이컨-소스 순으로 올린 뒤 달걀을 덮어 완성한다.

보틀케이크 (2-3개 분량)

Dessert in a glass

티라미수
보틀케이크

재료
시판 카스텔라 1봉
코코아가루 약간

커피시럽
블랙커피믹스 1봉
설탕 1스푼
뜨거운 물 ½컵(= 약 100ml)

티라미수크림
크림치즈(or 마스카포네치즈) 1컵(= 약 200ml)
플레인 요거트 1컵(= 약 200ml)
설탕 4스푼
(크림치즈는 상온에 미리 꺼내놓는다.)

#121

1. 카스텔라는 모양을 내 썰고 **커피시럽**은 고루 섞는다.
2. 볼에 **티라미수크림** 재료를 넣고 설탕이 녹을 때까지 고루 섞는다.
3. 컵에 카스텔라를 깔고 커피시럽 2스푼을 바른 뒤 티라미수크림을 채운다.
4. 한 번 더 반복한 뒤 코코아가루를 뿌려 완성한다.

딸기
보틀케이크

시럽 재료
시판 카스텔라 1봉
생딸기 4-5개
딸기잼 2스푼

선택 재료
슈가파우더 ⅓스푼
블루베리 3-4알
애플민트 약간

티라미수크림
크림치즈 1컵(= 약 200ml)
생크림 1컵(= 약 200ml)
설탕 3스푼
(크림치즈는 상온에 미리 꺼내놓는다.)

#122

1. 카스텔라는 먹기 좋게 썬다.
2. 딸기는 모양을 살려 0.3cm 두께로 썬다.
3. 볼에 **티라미수크림** 재료를 넣고 설탕이 녹을 때까지 고루 섞는다.
4. 컵에 카스텔라를 깔고 딸기잼을 바른 뒤 컵 벽면에 딸기를 붙인다.
5. 티라미수크림을 채우고 딸기를 올린 뒤 슈가파우더, 블루베리, 애플민트를 올려 완성한다.

블루베리
보틀케이크

재료
다이제스티브 2-3개
냉동블루베리 2스푼
설탕시럽 1-2스푼
블루베리 약간

선택 재료
슈가파우더 약간
애플민트 약간

티라미수크림
크림치즈 1컵(= 약 200ml)
생크림 1컵(= 약 200ml)
설탕 3스푼
(크림치즈는 상온에 미리 꺼내놓는다.)

#123

1. 다이제스티브는 지퍼백에 넣어 먹기 좋게 부순다.
2. 볼에 **티라미수크림** 재료를 넣고 설탕이 녹을 때까지 고루 섞는다.
3. 컵에 티라미수크림을 깔고 다이제스티브-크림-냉동블루베리-시럽-크림을 올린다.
4. 슈가파우더를 뿌리고 블루베리, 애플민트를 올려 완성한다.

키위
보틀케이크

재료
시판 카스텔라 1봉
키위 3개
설탕시럽 1스푼
(*물과 설탕을 1:1비율로 끓여 만든다.)

티라미수크림
마스카포네치즈 1컵(= 약 200ml)
요거트 1컵(= 약 200ml)
설탕 3스푼

#124

1. 카스텔라는 먹기 좋게 썬다.
2. 키위는 모양을 살려 0.3cm 두께로 썬다.
3. 볼에 **티라미수크림** 재료를 넣고 설탕이 녹을 때까지 고루 섞는다.
4. 컵에 카스텔라를 깔고 설탕시럽을 뿌린 뒤, 키위-티라미수크림-키위를 올려 완성한다.

바나나
보틀케이크

재료
시판 카스텔라 1봉
바나나 1개
누텔라 잼 2스푼

커피시럽
블랙커피믹스 1봉
설탕 1스푼
뜨거운 물 ½컵(= 약 100ml)

티라미수크림
크림치즈 1컵=(약 200ml)
생크림 1컵(= 약 200ml)
설탕 3스푼
(크림치즈는 상온에 미리 꺼내놓는다.)

선택 재료
슈가파우더 약간
코코아가루 약간

#125

1. 카스텔라는 먹기 좋은 크기로 썬다.
2. 바나나 ½개, 딸기는 모양을 살려 0.3cm 두께로 썬다.
3. 컵에 **커피시럽** 재료를 한 번에 넣고 섞는다.
4. 믹서기에 **티라미수크림** 재료와 바나나 ½개를 넣어 간다.
5. 컵에 카스텔라를 깔고 커피시럽을 바른 뒤 티라미수크림-누텔라-바나나 순으로 얹고 코코아가루를 뿌려 완성한다.

달고나
보틀케이크

재료
시판 카스텔라 1봉
달고나분태 ½컵

커피시럽
블랙커피믹스 1봉
설탕 1스푼
뜨거운 물 ½컵(= 약 100ml)

티라미수크림
크림치즈(or 마스카포네치즈) 1컵(= 약 200ml)
플레인 요거트 1컵(= 약 200ml)
설탕 2스푼
달고나분태 1스푼
(크림치즈는 상온에 미리 꺼내놓는다.)

#126

1. 카스텔라는 모양을 내 썰고 **커피시럽**은 고루 섞는다.
2. 볼에 **티라미수크림** 재료를 넣고 설탕이 녹을 때까지 고루 섞는다.
3. 컵에 카스텔라를 깔고 커피시럽 2스푼을 바른 뒤 티라미수크림을 채운다.
4. 한 번 더 반복한 뒤 달고나분태를 올려 완성한다.

디저트
Dessert

dessert

유자 마들렌

재료
미니 마들렌 4개
유자제스트 약간

토핑재료
유자청 10g
슈가파우더 20g

#127

1. 마들렌 윗부분에 유자청을 바른 뒤 유자제스트를 묻히고, 슈가파우더를 뿌려 완성한다.

말차 마들렌

재료
미니 마들렌 4개

토핑재료
화이트 커버춰 초콜릿 ½컵(= 약 20g)
말차가루 1스푼

#128

1. 초콜릿은 중탕해 녹인 뒤 말차가루를 섞어 말차 초콜릿을 만든다.
2. 마들렌에 말차 초콜릿을 묻혀 완성한다.

초코 마들렌

재료
미니 마들렌 4개

토핑재료
다크 커버춰 초콜릿 ½컵(= 약 20g)

1. 초콜릿을 중탕해 녹인다. (템퍼링까지 해주면 더 좋다.)
2. 마들렌에 초콜릿을 묻혀 완성한다. (취향에 따라 전체를 다 묻혀도 된다.)

인절미 마들렌

재료
미니 마들렌 4개

토핑재료
설탕시럽 ⅓컵
콩가루 50g

1. 마들렌 윗부분에 설탕시럽을 바른 뒤 콩가루를 묻혀 완성한다.

흑임자 마들렌

재료
미니 마들렌 4개

토핑재료
화이트 커버춰 초콜릿 ½컵(= 약 20g)
흑임자 40g

#131

1. 초콜릿은 중탕해 녹인다.
2. 마들렌에 초콜릿을 묻힌 뒤 흑임자를 묻혀 완성한다.

참깨 마들렌

재료
미니 마들렌 4개

토핑재료
화이트 커버춰 초콜릿 ½컵(= 약 20g)
참깨 40g

#132

1. 초콜릿은 중탕해 녹인다.
2. 마들렌에 초콜릿을 묻힌 뒤 참깨를 묻혀 완성한다.

베리타르트
(4개 분량)

재료
타르트 쉘 4개(p.135 참고)
베리류 적당량

선택 재료
애플민트 약간

크림치즈필링
크림치즈 ¼컵(= 약 50ml)
설탕 ½스푼
생크림 ¼컵(= 약 50ml)

#133

1. 볼에 크림치즈, 설탕을 넣고 핸드믹서로 부드럽게 푼 뒤 생크림을 넣어 단단해질 때까지 휘핑한다.
2. 타르트 쉘에 **크림치즈필링**을 채우고 베리류, 애플민트를 올려 완성한다.

〈Tip. 시판 타르트 쉘을 사용해도 좋다.〉

마시멜로우바
(3개 분량)

재료
마시멜로우 3개
나무꼬치 3개
루비 커버춰 초콜릿 ½컵
스프링클 약간

#134

1. 마시멜로우를 꼬치에 꽂는다.
2. 초콜릿은 볼에 담아 중탕해 녹인다.
3. 마시멜로우에 초콜릿을 묻힌 뒤 스프링클을 뿌려 완성한다.

과일젤로케이크
(12개 분량)

재료
판젤라틴 1장(= 2g)
과일믹스 5스푼
레몬주스 2컵(= 약 400ml)
6cm머핀틀

#135

1. 젤라틴을 찬물에 불려 10g으로 만든다.
2. 과일믹스는 1cm 크기로 썬다.
3. 레몬주스를 데워 불려놓은 젤라틴을 넣고 녹인다.
4. 머핀틀에 과일믹스를 담고 젤라틴을 녹인 레몬주스를 부어 냉장고에 넣고 굳힌다.

토마토양갱

재료
토마토 ¼개
물 ¼컵(= 약 50g)
한천가루 3g
토마토주스 1컵(= 약 200ml)
설탕 50g
소금 1g
4-5cm양갱틀

#136

1. 토마토는 잘게 다진다.
2. 냄비에 물과 한천가루를 넣고 10분간 불린다.
3. 토마토, 토마토주스, 설탕, 소금을 넣어 섞은 뒤 주걱으로 저어가며 중약 불에 5분 정도
   끓이고 한김 식힌다.
4. 양갱틀에 넣고 굳혀 완성한다.

〈**Tip.** 취향에 따라 백앙금을 섞어 만들어도 좋다.〉

망디앙

재료
다크커버춰 초콜릿 200g
아몬드 ⅓컵
피스타치오 ¼컵
건크랜베리 ½줌
짤주머니 1개

1. 초콜릿을 볼에 담고 중탕에 45도로 녹이고 중탕볼에서 내려 26도로 떨어트린 뒤 다시 31도로 만든다.
2. 짤주머니에 담아 동그란 모양으로 짠 뒤 굳기 전에 견과류를 올려 굳혀 완성한다.

루돌프쿠키

재료
통밀과자 1봉
누텔라 잼 ½컵
계란과자 1봉
초코펜
화이트초코펜
딸기초코펜
캐러멜콘과 땅콩(or 프레첼) 적당량

1. 통밀과자 위에 누텔라 잼을 얇게 펴 바른 뒤 계란과자를 올린다.
2. 초코펜들을 이용해 눈과 입을 그린다.
3. 누텔라와 캐러멜콘과 땅콩으로 뿔을 붙여 완성한다.

음료
Drinks

vin ghaud ade

레몬셔벗
에이드

재료
라임 2조각
애플민트 1줌
탄산수 ⅔컵

레모네이드 재료
레몬즙 2스푼
라임즙 2스푼
설탕시럽 2스푼

선택 재료
얼음 적당량
레몬셔벗 아이스크림 1스푼

#139

1. 컵에 **레모네이드 재료**를 넣는다.

2. 얼음을 넣은 뒤 라임조각, 애플민트를 찢어 넣는다.

3. 탄산수를 붓고 레몬셔벗 아이스크림, 애플민트를 올려 완성한다.

레몬크러쉬

재료
레몬청 4-5스푼(p.138 참고)
물 ⅓컵
얼음 1컵

선택 재료
레몬 ¼개
애플민트 약간

#140

1. 믹서기에 재료를 넣고 갈아 컵에 담은 뒤 레몬조각, 애플민트를 올려 완성한다.

⟨Tip. 레몬청은 취향에 맞게 조절해 넣는다.⟩

유자크러쉬

재료
유자청 4-5스푼(p.138 참고)
물 ⅓컵
얼음 1컵
설탕시럽 1스푼

선택 재료
애플민트 약간

#141

1. 믹서기에 모든 재료를 넣고 간 뒤 컵에 담아 애플민트를 올려 완성한다.

〈Tip. 설탕시럽은 취향에 맞게 가감한다.〉

딸기에이드

재료
딸기청 5스푼(p.139 참고)
탄산수 ⅔컵

선택 재료
얼음 적당량
타임 약간

#142

1. 컵에 얼음을 ⅓ 정도 채우고 딸기청을 넣은 뒤 탄산수를 붓고 타임을 올려 완성한다.

키바주스
(키위+바나나)

재료
그린키위 2개
바나나 1개
설탕시럽 2스푼
얼음 적당량
물 ⅔컵

#143

1. 키위, 바나나는 껍질을 벗겨 먹기 좋게 썬다.

2. 믹서기에 과일과 시럽, 얼음, 물을 넣고 거칠게 간다.(키위를 2-3조각 남겨둔다.)

3. 컵에 담고 키위조각을 올려 완성한다.

뱅쇼에이드

재료
오렌지 ⅓개
레몬 ⅓개
자몽 ⅓개
뱅쇼시럽 8스푼(p.139 참고)
얼음 1컵
탄산수 1컵(= 약 200ml)

선택 재료
타임 약간

#144

1. 오렌지, 레몬, 자몽은 0.5cm 두께로 썬다.

2. 컵에 뱅쇼시럽을 붓고 얼음을 적당량 채운 뒤 과일을 넣는다.

3. 탄산수를 붓고 타임을 올려 완성한다.

녹차샷추가라떼

재료
우유 1컵
녹차가루 1스푼(= 약 20g)
얼음 ½컵
에스프레소 1샷

#145

1. 우유 ¼컵을 뜨겁게 데워 녹차가루를 넣고 섞는다.
2. 얼음을 채우고 우유 ¾컵을 천천히 붓는다.(천천히 부어서 층을 분리시킨다.)
3. 에스프레소 샷을 부어 완성한다.

〈Tip. 에스프레소가 없으면 인스턴트커피를 진하게 타서 사용한다.〉

히비스커스
딸기티

재료
뜨거운 물 1 ½컵
히비스커스 티백 2-3개
딸기청 ¼컵(p.139 참고)

선택 재료
동결건조 딸기 약간
로즈마리 약간

#146

1. 뜨거운 물에 티백을 3분 정도 우려낸다.
2. 컵에 딸기청 ¼컵과 우려낸 티를 넣고 건조딸기와 로즈마리를 올려 완성한다.

고구마라떼

재료
찐 고구마 1-2개
우유 2 ½컵(= 약 500ml)
꿀 적당량

재료
시나몬 가루 약간
아몬드 슬라이스 ½스푼

#147

1. 고구마는 먹기 좋은 크기로 썰어 우유, 꿀과 함께 믹서기에 넣어 곱게 간다.
2. 뜨겁게 데운 뒤 컵에 부어 시나몬가루, 아몬드 슬라이스를 뿌려 완성한다.

밀크티

재료
뜨거운 물 1컵
얼그레이 티백 2-3개
우유 2/3컵
시럽 적당량

#148

1. 뜨거운 물에 티백을 3분 정도 우린 뒤 반으로 조린다.
2. 컵에 부은 뒤 우유를 붓고 시럽을 곁들여 완성한다.

〈Tip. 시원하게 즐기고 싶으면 얼음을 넣어 먹는다.〉

딸기우유

#149

재료
생딸기 3개
딸기청 3-4스푼(p.139 참고)
우유 1컵

선택 재료
설탕시럽 1스푼
허브 약간

1. 딸기는 먹기 좋게 썬다.

2. 믹서기에 딸기청, 우유, 시럽을 넣고 갈아 딸기우유를 만든다.

3. 컵에 딸기우유를 붓고 딸기와 허브를 올려 완성한다.

바나나우유

#150

재료
바나나 2개
우유 1컵

선택 재료
설탕시럽 1스푼
타임 약간

1. 바나나 ½개를 큐브 모양으로 썬다.

2. 믹서기에 나머지 바나나, 흰우유, 시럽을 넣고 간다.

3. 컵에 부어 큐브 모양 바나나와 타임을 올려 완성한다.

자주 나오는 음식

소불고기

재료
소고기(불고기용) 100g

불고기 양념
설탕 1스푼
다진 마늘 ½스푼
굴소스 ½스푼
맛술 1스푼
간장 2스푼
참기름 1스푼
후춧가루 약간

1. 소고기는 키친타월로 눌러가며 핏물을 제거한다.
2. 볼에 소고기, **불고기 양념**을 넣어 20분간 재운 뒤 중간 불로 달군 팬에 물기 없이 볶아 익힌다.

패티

재료
양파 ½개
당근 ⅙개
다진 소고기 ½개(= 약 100g)
다진 돼지고기 ¼개(= 약 50g)

양념 재료
달걀 1개
밀가루 ½스푼
소금 약간
후춧가루 약간
드라이바질 ⅓스푼
오레가노 ⅓스푼

*고기는 키친타월로 눌러가며 핏물을 제거해 준비한다.
1. 양파와 당근은 잘게 다져 볶는다.
2. 볼에 소고기, 돼지고기, 다진 채소, **양념 재료**를 넣어 고루 섞어 치댄다.
3. 패티 모양을 만든 뒤, 가운데 부분은 오목하게 살짝 누른다.
4. 중간 불로 달군 팬에 기름을 둘러 패티를 넣고 앞뒤로 겉면을 태우듯 굽는다.
5. 약한 불로 줄인 뒤 물을 1스푼 넣어 뚜껑을 덮고 속까지 익힌다.

햄버거 번 만들기(10개 분량)

재료
우유 53g
드라이이스트 2g
강력분 100g
소금 12g
설탕 1.5g
달걀 12g
버터 15g

---

1. 볼에 강력분, 소금, 설탕을 넣어 고루 섞고 달걀, 따뜻한우유를 넣어 가루가 보이지 않을 때까지 손으로 치대면서 반죽한다(반죽을 떼어내 펼쳤을 때 얇은 막이 생길 때까지).
2. 반죽에 버터를 넣고 한 번 더 손으로 치대면서 얇게 펼칠 때 지문이 보일 정도로 반죽한다.
3. 반죽을 하나로 둥글려 볼에 담고 랩을 씌어 30도 온도에서 반죽이 두 배로 될 때까지 1시간 정도 발효시킨다.
4. 반죽을 눌러 가스를 빼고 20g씩 나눠 동그랗게 둥글려 부피가 2배가 되도록 1시간 동안 2차 발효한다.
5. 170도로 예열한 오븐에 15분간 굽는다.

〈Tip. 모닝빵으로 대체 가능하다.〉

타르트 쉘 만들기

재료
무염버터 35g
박력분 70g
아몬드가루 10g
설탕 30g
달걀 15g
4cm타르트링 4개

---

1. 푸드프로세서에 차가운 버터, 박력분, 아몬드가루, 설탕을 넣고 버터가 쌀알 크기가 될 때까지 간다.
2. 달걀을 넣고 한 덩어리가 될 때까지 반죽한다.
3. 비닐팩에 넣어 냉장에 1시간 정도 휴지한다.
4. 밀대로 0.3cm 두께로 밀어 타르트링으로 찍고 2.5x15cm 길이로 썰어 냉장에 30분간 휴지한다.
5. 타르트링 안쪽 바닥과 옆면에 붙여 틀을 만든다.
6. 160도로 예열한 오븐에 15분간 구운 뒤 꺼내 식힌다.

달고나 만드는 법

재료
설탕 3스푼
베이킹소다 한꼬집

---

1. 소스 팬에 설탕을 넣고 중약 불로 타지 않게 녹인다.
2. 설탕이 녹으면 불을 끈 뒤 베이킹소다를 넣고 젓가락으로 빠르게 섞는다.
3. 부풀어 오르면 트레이에 부어 식힌 뒤 먹기 좋은 크기로 부셔 사용한다.

데리야키소스

재료
간장 3스푼
맛술 2스푼
다시마물 4스푼
생강즙 1스푼
설탕 2스푼
후춧가루 약간

1. 중약 불로 달군 팬에 데리야키소스 재료를 넣고 뭉근하게 끓여 반 정도 줄면 완성.

초밥 만들기

재료
밥 1공기(=약 200g)

배합초
식초 3스푼
설탕 2스푼
소금 ¼스푼

1. 뜨거운 밥에 배합초를 넣어 골고루 섞는다.
2. 한입 크기로 동그랗게 모양을 잡는다.

마들렌 만들기

재료
달걀 1개
설탕 55g
소금 1꼬집
박력분 50g
아몬드분말 15g
베이킹파우더 2g
버터 55g
짤주머니 1장
미니 마들렌틀

1. 볼에 달걀을 넣고 설탕, 소금을 넣어 잘 섞는다.

2. 박력분, 아몬드분말, 베이킹파우더를 넣고 고루 섞어 반죽을 만든다.

3. 반죽에 녹인 버터를 넣어 고루 섞는다.

4. 하루 동안 냉장보관한 뒤 사용한다.

5. 짤 주머니를 활용해 틀에 짜넣고 180도로 예열된 오븐에 8분간 굽는다.

유자청(450~500ml기준)

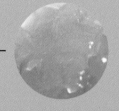

시럽 재료
유자 3개
설탕 2컵

1. 유자는 깨끗이 씻어 물기를 제거한 뒤 껍질과 과육을 분리한다.

2. 껍질은 1cm 두께로 썰고, 과육은 씨를 제거한 뒤 큼직하게 다진다.

3. 손질한 유자를 볼에 넣고 설탕을 넣어 주걱으로 고루 섞는다.

4. 즙이 나오면서 설탕이 다 녹을 때까지 저어 완성한다.

〈Tip. 열탕소독한 내열유리병에 담아 냉장보관 해 3~4일 뒤에 먹으면 좋다.〉

레몬청(450~500ml기준)

재료
레몬 3개
설탕 2컵

1. 레몬은 깨끗이 씻어 물기를 제거한 뒤 1cm 두께로 썰어 씨를 제거한다.

2. 볼에 넣고 설탕을 넣어 주걱으로 고루 섞는다.

3. 즙이 나오면서 설탕이 다 녹을 때까지 저어 완성한다.

〈Tip. 열탕 소독한 내열유리병에 담아 냉장보관해 3-4일 뒤에 먹으면 좋다.〉

딸기청(450~500ml기준)

시럽 재료
딸기 800g
설탕 2컵

1. 딸기는 깨끗이 씻어 꼭지와 물기를 제거한다.
2. 4등분으로 썰어 볼에 넣고 설탕을 부어 주걱으로 고루 섞는다.
3. 즙이 나오면서 설탕이 다 녹을 때까지 저어 완성한다.

〈Tip. 레몬즙을 반 스푼정도 넣어도 좋다.〉

뱅쇼시럽

시럽 재료
레몬 1개
오렌지 1개
사과 1/2개
통후추 10알
레드와인 2/3병(= 약 500ml)
시나몬스틱 2개
설탕 2컵

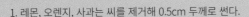

1. 레몬, 오렌지, 사과는 씨를 제거해 0.5cm 두께로 썬다.
2. 냄비에 설탕을 제외한 나머지 시럽 재료를 넣고 센 불에 끓어오르면 약한 불로 줄여 저어가며 20분간 끓인다.
3. 건더기를 거른 뒤 설탕을 넣고 약한 불에 점성이 생길 때까지 졸인다.

부록

1. 행사 진행 전 케이터링 체크리스트

구분	확인 사항	참고사항
인적 사항	고객 성함	
	연락처	
행사	행사 성격	
	날짜	
	시간	
	장소	최대 수용인원 체크
		인원 초과 시 추가 장소 대여 여부
	주차 가능 여부	발렛 여부 포함
		대중교통 편의성
	참석 예상 인원	
예산	고객 예상 예산	
	플라워세팅 여부	
	행사장 스타일링 타입	고객이 원하는 레퍼런스 체크
	참석 인원 나이대	
	최소 보증 인원수	
	식사 추가가능 여부	
	상기 내용을 바탕으로 케이터링 인당 단가 결정	음료 및 주류 포함 여부
	단가에 따른 음식 메뉴 결정	알레르기 유발 음식 재료 및 비건 메뉴 등 특이사항 체크
장비 및 서비스	행사장소 구조	
	테이블 배치 및 고객 동선	
	음식 동선	
	테이블, 의자 등 기물 유무	필요에 따라 대여
	대여 시 대여품목 및 금액	고객에게 미리 고지
	대여 시 입고 및 반납 시간	설거지 여부 체크
	케이터링 인력 확인	서빙 및 조리, 청소
	메뉴에 따른 냉온 장비 필요 여부	
	거리에 따른 출장비 추가 여부	
	쓰레기 처리	음식물, 일반, 재활용 등
견적	상기 내용을 바탕으로 견적서 작성	가능한 계약금 또는 선금(식자재비 및 대여료) 반영
계약	계약 후 일정 진행	가능한 계약금 또는 선금(식자재비 및 대여료) 수령 후 진행
계약 이후	행사 일주일 전 변동사항 확인	
	행사 전날 마지막 변동사항 확인	

2. 케이터링 준비 및 행사 진행 시 유의할 점

행사는 아무리 철저하게 준비해도 빠뜨리거나 놓치는 부분이 생기기 마련이다. 예상치 못한 상황이 한두 번씩 발생하기 때문에, 변수에 대한 대처는 결국 경험을 통해 쌓을 수밖에 없다.

최대 수용인원을 넘어서 접시가 부족할 수도 있고, 고객의 현장 요청에 따라 사전에 예상한 동선보다 길어져서 음식들을 늘어뜨려야 하는 경우도 발생하므로 음식 접시들은 일정 비율로 여분을 꼭 챙긴다.

행사 기물이나 스타일링 물품을 다 챙겼다고 생각하더라도 빠뜨리고 가는 경우도 종종 발생한다. 이럴 경우는 직원이나 동종업계의 지인들에게 부탁해서 퀵서비스로 받기도 한다. 행사장소 확인 시 근처 마트나 편의점, 다이소 등의 위치를 미리 파악해 두는 것도 필요하다.

야외에서 진행한다면 우천 시 보완계획이 필요하며, 이를 대비한 시설이 필요하면 견적에 포함하여 제안한다.

돌발상황이 발생하였을 시 대처가 안되는 상황이라면 고객에게 솔직하게 말씀드려 다른 방안을 찾는 것도 방법이다(단, 최후의 수단이라고 생각해야 한다).

의도치 않게 행사가 취소될 수 있으니 계약서에 취소 및 환불에 대한 내용도 포함한다. 최소한의 계약금이나 재료구매를 위한 선금을 수령하고 진행하는 것이 좋다. 행사 완료 후 언제까지 어떻게 입금해야 한다는 내용도 계약서에 포함한다.

행사장을 대여하여 사용하는 경우, 행사 전후 사진을 남겨서 파손 및 원상복구에 대한 민원이 들어왔을 때, 확인하고 대처할 수 있도록 한다.

추가로, 케이터링과 함께 행사 전반에 관한 의뢰를 받을 수 있다. 이 경우 행사 프로그램 기획, 사회자/사진 촬영감독/영상 촬영감독 섭외, 홍보물 준비, 현수막/배너 제작, 마이크/프로젝터 기기대여 등이 필요할 수 있으니 각각에 대한 단가와 견적, 관련 업체를 사전에 파악해 놓으면 고객 응대에 도움이 된다.

3. 케이터링을 시작하는 분들을 위한 현실적인 조언

케이터링 사업을 시작할 때 가장 중요한 요소 중 하나가 주방이다. 주방은 홀이 있는지 없는지에 따라 선택할 수 있으며, 케이터링뿐만 아니라 클래스를 함께 운영하고 싶다면 홀을 갖춘 매장이 더 적합할 수 있다.

준비하는 기물이나 인테리어 공사 여부에 따라 창업비용은 천차만별이나, 조리 기기 및 기물만을 고려하면 대략적으로 1,500만 원에서 3,000만 원 사이로 예산을 설정하는 것이 좋다. 너무 많은 돈을 초기에 투자하면 리스크가 커지고, 그로 인해 적은 수익이라도 있어야 해서 무리하게 케이터링을 진행하여 오히려 손해를 보면서 행사를 진행하는 경우도 종종 있다.

최근 케이터링 서비스는 매우 다양해졌다. 도시락이나 박스 형태로 배송만 하는 경우도 있고, 소규모 모임이지만 풀 케이터링 서비스를 원해서 외부로 출장을 나가 제공하는 경우도 늘어나고 있다. 케이터링 사업의 장점 중 하나는 1인 소자본 창업이 가능하다는 점이지만, 시작하려는 케이터링 서비스의 종류와 용도에 따라 창업비용은 크게 달라질 수 있다.

도시락이나 박스 형태만 제공한다면 작은 주방에서도 운영이 가능하지만, 풀 케이터링 서비스를 진행하여 외부 출장을 나가야 한다면, 필요 집기나 소품 등 더 많은 준비물이 필요하고 그만큼 창업비용이 추가될 수 있다. 브랜드나 구매처에 따라 기물의 가격은 몇 배까지도 차이가 날 수 있다. 기능이 아닌, 브랜드만을 고려한 기물 선택은 초기 창업비용에 큰 부담을 줄 수 있으니 너무 많은 예산을 책정하지 않는 것이 좋다.

결론적으로, 나에게 맞는 예산에 따라 주방 장소와 케이터링 서비스의 종류를 결정하고, 기물 등을 신중하게 고르는 것이 중요하다. 처음에는 혼자서 많은 일을 해야 하므로 무리하지 않도록 체력과 정신적인 부담을 줄이는 것이 필요하다. 행사를 하나하나 즐기며 나만의 노하우를 쌓아가면서 사업을 확장해 나가면 성공적인 케이터링 사업을 만들어갈 수 있을 것이다.

4. 저자들이 생각하는 케이터링 트렌드

케이터링 서비스가 대중화되기 전에 고객들은 업체가 제안하는 메뉴와 스타일링에 의존하는 경우가 많았다. 그러나 요즘은 고객의 요구에 맞춘 맞춤형 서비스가 트렌드로 자리 잡았다. 이에 따라 고객과의 소통이 가장 중요해졌으며, 행사의 콘셉트와 컬러 코드 같은 요소들도 체크해야 할 핵심 사항이 되었다. 또한 많은 종류의 음식을 제공하던 방식에서 벗어나, 가짓수를 줄이고 퀄리티에 집중한 핑거 푸드나 특별한 음식을 찾는 고객들이 늘어나고 있다.

케이터링 서비스를 성공적으로 제공하려면, 메뉴 개발에도 개인의 노하우와 센스가 필수적이다. 더불어, 행사에 맞춰 공간을 세팅하는 능력도 중요해졌다. 과거에는 조화를 사용해 공간을 연출했다면, 이제는 금액이 높더라도 생화를 활용해 계절감과 생동감을 살린 공간 연출을 고객들이 원하고 있다. 행사의 콘셉트에 맞게 컬러를 정해 음식과 기물에 조화롭게 반영하는 것도 중요한 부분이다.

케이터링 서비스가 발전하면서, 고객의 요구에 맞춰 기물과 소품도 변화하고 있다. 멜라민 그릇이나 플라스틱 접시에서 벗어나 유리, 도자기, 나무 플레이트 등 더 고급스럽고 자연 친화적인 소재로 변화하는 추세이다. 행사의 목적에 맞춰 기물과 소품을 준비하는 것이 케이터링 서비스에서 중요한 요소로 자리 잡았다.

케이터링 서비스가 필요한 행사 스타일도 다양해지고 있다. 프라이빗한 소규모 모임부터 기업 행사까지 다양한 형태의 행사들이 케이터링을 요구한다. 생일파티, 와인파티, 팬클럽 모임, 브라이덜샤워 등 각종 모임에 맞춘 유니크한 스타일의 케이터링이 대중화되고 있으며, 최근에는 반려동물을 위한 펫푸드 케이터링 요청도 증가하고 있다.

파티 문화가 자리 잡으면서 개성을 중시하는 젊은 세대뿐만 아니라, 출장 뷔페를 즐기는 중장년 세대까지 특별한 순간을 맞춤 케이터링 서비스로 기념하고자 한다. 인스타그램, 유튜브, 틱톡 같은 SNS의 활성화로 인해 케이터링 서비스도 더욱 대중화되었고, 트렌디함이 중요한 요소로 떠오르고 있다.

따라서 고객과 소통할 때, 행사의 콘셉트와 구체적이지 않은 고객의 설명을 정확하고 빠르게 캐치하는 능력이 필요하다. 이를 위해 다양한 콘셉트의 파티와 스타일링 자료를 연구하고, 나만의 스타일을 녹여 내는 것이 중요하며, 이외에도 다양한 예술 분야에도 관심을 갖고 트렌드를 읽어내고 적용하려는 노력도 필요하다.

index

145

HOME PARTY
CATERING